建设工程施工标准化管理指南丛书

施工现场临时设施管理指南

陕西建工控股集团有限公司　主编

U0376453

中国建筑工业出版社

图书在版编目（CIP）数据

施工现场临时设施管理指南 / 陕西建工控股集团有限公司主编 . 北京：中国建筑工业出版社，2019.9
ISBN 978-7-112-24143-9

（建设工程施工标准化管理指南丛书）

Ⅰ.①施…　Ⅱ.①陕…　Ⅲ.①建筑工程—施工现场—施工管理—指南　Ⅳ.①TU721-62

中国版本图书馆CIP数据核字（2019）第187144号

本书主要介绍了施工现场临时设施管理应遵循的各项原则，规定了施工现场临时设施的基本要求和具体做法，力求做法安全可靠、合理适用、标准统一、技术先进，满足施工需要，突出施工现场标准化、规范化、精细化、绿色化和信息化等管理要求。

全书主要内容包括：总则、术语、基本要求、门禁、围挡、道路、办公设施、生活设施、施工设施、安全教育体验设施、绿化设施、职工服务设施等。

本书对工程施工现场具有较强的实用性、指导性和操作性，可供施工现场一线施工管理人员和操作人员学习和参考。

责任编辑：朱晓瑜
责任校对：赵听雨

建设工程施工标准化管理指南丛书
施工现场临时设施管理指南
陕西建工控股集团有限公司　主编

＊

中国建筑工业出版社出版、发行（北京海淀三里河路9号）
各地新华书店、建筑书店经销
北京点击世代文化传媒有限公司制版
天津图文方嘉印刷有限公司印刷

＊

开本：880×1230毫米　1/32　印张：6½　字数：173千字
2019年11月第一版　2020年4月第二次印刷
定价：55.00元
ISBN 978-7-112-24143-9
（34649）

《施工现场临时设施管理指南》编写委员会

主任委员：张文琪

副主任委员：章贵金

编委（按姓氏笔画排序）：

王 彤	王 鹏	王西宁	王安华	卢 杰	卢 超
刘 彦	刘建国	李省安	杨永宏	余大洋	宋 晗
陈亚斌	孟 坚	荣学文	胡 德	姜良波	梁保真

主编单位：陕西建工控股集团有限公司
参编单位：陕西建工第一建设集团有限公司
　　　　　陕西建工第二建设集团有限公司
　　　　　陕西建工第三建设集团有限公司
　　　　　陕西建工第四建设集团有限公司
　　　　　陕西建工第五建设集团有限公司
　　　　　陕西建工第六建设集团有限公司
　　　　　陕西建工第七建设集团有限公司
　　　　　陕西建工第八建设集团有限公司
　　　　　陕西建工第九建设集团有限公司
　　　　　陕西建工第十建设集团有限公司
　　　　　陕西建工第十一建设集团有限公司
　　　　　陕西建工第十二建设有限公司
　　　　　陕西建工第十三建设有限公司
　　　　　陕西建工安装集团有限公司
　　　　　陕西建工机械施工集团有限公司

陕西华山路桥集团有限公司

陕西古建园林建设有限公司

青海省建设集团有限公司

主要起草人： 时　炜　胡晨曦　张小源　李凤红　席旺荣

寇　琦　刘　铭　潘明玉　蒋　璐　孔　航

李　超

主要审查人： 张文琪　章贵金　李西寿　聂　鑫

前 言
Preface

  为了推行施工现场标准化、规范化、精细化、绿色化和信息化管理，陕西建工控股集团有限公司主编了《施工现场临时设施管理指南》（以下简称"指南"）。

  施工项目管理是企业管理的基础，持之以恒地推进项目规范管理是建筑施工企业实施品牌战略、践行社会责任、实现绿色建造、提高竞争实力和加快转型发展的有效途径，加强施工现场临时设施标准化管理是项目规范管理的具体体现。

  本指南主要由总则、术语、基本要求、门禁、围挡、道路、办公设施、生活设施、施工设施、安全教育体验设施、绿化设施、职工服务设施等内容组成。

  本指南遵循安全、适用、经济、绿色、美观的原则，规定了施工现场临时设施的基本要求和具体做法，力求做法安全可靠、合理适用、标准统一、技术先进，满足施工需要。

  本指南由陕西建工控股集团有限公司负责解释。在执行过程中，请各单位注意总结经验，积累资料，并及时将意见和建议反馈给陕西建工控股集团有限公司（地址：西安市北大街 199 号，邮政编码710003，电子邮箱 304099709@qq.com），以便今后修订时参考。

目 录
Contents

1 总 则

1.0.1 施工现场临时设施管理应符合标准化、规范化、精细化、绿色化和信息化管理要求，并应遵循安全、适用、经济、绿色、美观的原则，实现安全可靠、合理适用、标准统一、技术先进，满足施工需要，保障施工作业人员健康安全。

1.0.2 本指南适用于建设工程施工现场临时设施的规划建设、设计制作、施工安装、使用与维护、拆除与回收。

1.0.3 施工现场临时设施选型应遵循可循环利用的原则，并应根据地理环境、使用功能、荷载特点、物资供应和施工条件等因素综合确定。

1.0.4 施工现场临时设施应结合现场条件，做到永临结合，减少不必要的投入。

1.0.5 施工现场临时设施的建设和使用，应执行国家有关节能、节地、节水、节材和环境保护等法律法规及规范标准要求。实施绿色施工，保护环境，节约资源。

1.0.6 施工现场临时设施的规划建设、设计制作、施工安装、使用与维护、拆除与回收等除应符合本指南外，尚应符合国家现行相关标准的规定。

2 术 语

2.0.1 施工现场 construction site

房屋建筑、市政公用、水利、公路、铁路、矿山、机场、机电设备安装等建设工程的施工作业、办公和生活等区域。

2.0.2 施工现场管理 management of construction site

运用系统工程理论，采用各项技术和管理措施，对施工现场内的生产活动及空间使用进行计划、组织、监督、控制、协调等全过程管理。

2.0.3 施工现场临时设施 temporary facilities of construction site

施工期间临时搭建、租赁及使用的各种建筑物、构筑物及现场临时给水排水、临时消防设施等。

2.0.4 施工现场临时建筑物 temporary buildings of construction site

施工现场使用的暂设性的办公用房、生活用房、围挡等建（构）筑物，简称临时建筑。

2.0.5 施工人员 construction worker

在施工现场从事施工活动的管理人员和作业人员，包括建设、施工、监理等各方参建人员。

2.0.6 装配式活动房屋 prefabricated mobile house

以轻钢为主要受力构件，以轻质板材为围护构件，能够方便快捷地进行组装与拆卸，可重复使用的建筑物，简称活动房。

2.0.7 集装箱式活动房 box type mobile room

采用集装箱专用板和工艺制作而成的活动房屋。

2.0.8 拆装式轻钢结构活动房屋 assembled temporary houses with light-weight steel framing

也称为活动板房、拼板式活动房。承重梁柱结构采用冷弯薄壁型钢，外围护结构采用彩钢夹芯板或其他新型轻质墙板构成，构件为工厂预制，现场组装，可多次重复利用的临时性轻钢结构房屋。根据屋面结构形式，分为 K 式活动房、T 式活动房。K 式活动房为坡屋面拼板式活动房，T 式活动房为平顶屋面拼板式活动房。

2.0.9 可拆装式箱形轻钢结构房屋 light steel modular house of assembled type

也称箱式活动房。以轻型钢框架为结构，配备满足功能要求的轻质围护体系，可多次重复拆装的箱形房屋，简称可拆装式箱形房屋。通常由顶部总成、底部总成、立柱和轻质墙板等部品部件组成，既可独立使用，也可作为一个建筑体的组合模块。

2.0.10 模块化设施 modular facilities

由标准化的基本构件和基本单元组成的设施。

2.0.11 模块化房屋单元 modular building unit

采用统一模数制作，由梁、柱、檩条、墙板、门、窗、地板、屋面板等构件组成，可作为一个独立功能模块的房屋单元。

2.0.12 模块化围挡单元 modular enclosure unit

采用统一模数制作，由基础、立柱、墙板通过可靠连接而成的一种围护单元。

2.0.13 模块化路面单元 modular pavement unit

采用统一模数制作，由路面板、连接部件组成的一种路面单位。

2.0.14 绿色施工 green construction

在保护质量、安全等基本要求的前提下，以人为本，因地制宜，通过科学管理和技术进步，最大限度地节约资源，减少对环境负面影响，实现节能、节地、节水、节材和环境保护（"四节一环保"）的工程施工活动。

2.0.15 环境保护 environmental conservation

为解决现实的或潜在的环境问题，协调人类与环境的关系，保障经济社会的健康持续发展而采取的各种活动的总称。

2.0.16 环境卫生 environmental sanitation

指施工现场生产、生活环境的卫生，包括食品卫生、饮水卫生、废水处理、卫生防疫等。

2.0.17 建筑垃圾 construction trash

新建、扩建、改建、拆除、加固各类建筑物、构筑物、管网等施工过程以及装饰装修房屋过程中产生的弃土、弃料及其他废弃物。

2.0.18 建筑废弃物 building waste

建筑垃圾分类后，丧失再利用价值的部分。

2.0.19 固体废弃物 solid waste

指在生产、办公、生活和其他活动中所产生的污染环境的固态、半固态废弃物质，主要包括固体颗粒、垃圾、炉渣、污泥、废弃的制品、破损器皿、残次品等。

3 基本规定

3.1 规划设计

3.1.1 施工现场临时设施建设应符合工程项目建设总体规划要求。施工总平面布置、临时设施的布局设计及材料选用应科学合理，节约能源，降低资源消耗。不宜在建设项目的建设红线外搭建临时设施。如确需建设时，应经当地政府主管部门和产权单位批准后，方可实施。

3.1.2 施工组织设计中应包括有关施工现场临时设施管理的内容。工程项目开工前，应由施工技术人员编制施工现场临时设施规划及专项实施方案，并经项目经理批准后方可实施。企业重点信誉工程或总建筑面积大于等于 5 万 m^2，或工程造价大于等于 1 亿元的工程项目，施工现场临时设施专项实施方案应报企业主管部门审核，同意后方可实施。

3.1.3 施工现场临时设施规划及专项实施方案，应坚持因地制宜、合理适用、永临结合，符合安全卫生、消防、通风、采光、环境保护和节约用地的相关要求，其功能配置应根据建设规模和施工现场实际情况确定。

3.1.4 施工现场临时设施建设场地应具备路通、水通、电通、信通和场地平整等条件。

3.1.5 施工现场临时设施规划应采用建筑信息模型（BIM）技术，对施工现场临时设施进行前期策划模拟，统筹优化，做到策划实施一次到位。

3.1.6 施工现场临时设施应实行标准化管理，积极采用标准化、定型化、工具化设施，节约材料，降低劳动消耗，提高周转和重复利用次数。

3.1.7 施工现场临时设施、临时道路的设置应科学合理，并应符合安全、消防、节能、环保等有关规定。

3.1.8 施工现场办公区、生活区应与施工作业区、材料加工及存放区分开设置，功能划分清晰，且应采取相应的隔离措施，并应设置导向、警示、定位、宣传等标识。

3.1.9 施工现场临时建筑、施工道路、施工场地、水电线路、消防设施和景观绿化等应根据项目条件，做到永临结合，减少不必要的投入。

3.1.10 施工现场宜利用拟建道路路基作为临时道路路基。临时设施应充分利用既有建筑物、构筑物和设施。

3.1.11 施工现场绿化应遵循少硬化、多绿化的原则。

3.2 临时建筑

3.2.1 施工现场临时建筑选址时，应避免有地质和气象灾害隐患的场地条件。临时建筑严禁建造在易发生滑坡、坍塌、泥石流、山洪等危险地段和低洼积水区域，应避开水库泄洪区、涉险水库下游地段、强风口和危房影响范围，且应避免有毒有害气体、强噪声源等对人员的影响。严禁在水源保护区、生态保护区等自然生态区域建设临时设施。

3.2.2 当临时建筑建造在河沟、高边坡、深基坑临边时，应保持安全距离。临时建筑不应占压原有的地下管线；不应影响文物和历史文化遗产的保护与修复。

3.2.3 施工现场办公、生活和施工区域等应明确划分，采取隔离措施，封闭管理，统筹安排，合理规划，设置专人管理。应建立健全安全保卫、卫生防疫、消防管理体系和相关制度。

3.2.4 施工现场办公、生活临时建筑宜集中建设、成组布置，并宜设置室外文娱活动区域。

3.2.5 施工现场办公、生活、施工等临时建筑应采用可周转装配式活动房屋，宜优先采用可拆装式箱型轻钢结构房屋。

3.2.6 施工现场临时建筑地面应采取防水、防潮等措施，且应高出室外地面不小于150mm。临时建筑周边应排水通畅，无积水。

3.2.7 施工现场会议室、办公室等临时建筑室内布置应简朴大方，禁止采用软包、石材、壁纸及木饰等不必要的装饰装修。

3.2.8 施工现场临时设施建筑面积可参考表3-1、表3-2中相关指标进行设计。

3.2.9 食堂操作间、卫生间宜设置在主导风向的下风侧。食堂与卫生间、垃圾站等污染源的距离不宜小于15m，且不应设在污染源的下风侧。

3.2.10 施工现场卫生间设置应根据场地条件，合理布置，方便使用。卫生间的厕位设置应满足男厕每50人、女厕每25人设置一个蹲便器，男厕每20人设置一个小便器的要求。

3.2.11 盥洗间应设置盥洗池和水龙头，水龙头与员工的比例宜为1∶20。淋浴间的淋浴器与员工的比例宜为1∶20，淋浴器间距不宜小于1m。

3.2.12 施工现场宜单独设置文体活动室，配备必要的文体活动用品，使用面积不宜小于36m²。

3.2.13 根据施工区域气候情况，办公、生活临时建筑应采取必要的防暑降温、冬季取暖措施。严禁使用煤炉等明火取暖。

施工现场临时设施建筑面积参考指标一览表（一）　　表 3-1

临时设施名称		参考指标	说明
项目办公室	项目经理	≤ 18m²/人	人均使用面积
	项目副经理	≤ 9m²/人	
	项目一般管理人员	≤ 6m²/人	
公共用房	小型会议室	18 ~ 36m²	
	中型会议室	54 ~ 72m²	
	大型会议室	≤ 90m²	
	接待室、资料室、活动室、阅览室、卫生间	18 ~ 36m²	
	工人宿舍用房	2.5m²/人	人均使用面积
附属用房	门卫房、设备房、试验用房	18m²	

施工现场临时设施建筑面积参考指标一览表（二）　　表 3-2

临时设施名称		参考指标（m²/人）	说明
会议室		1 ~ 1.5	按施工高峰管理人员数量（18m² ≤ S ≤ 90m²）
办公室		3 ~ 4	按项目管理人员人数
宿舍	双层床	2.0 ~ 2.5	按高峰年（季）平均职工人数（扣除不在工地住宿人数）
	单层床	3.5 ~ 4.5	
食堂（含餐厅）		3.5 ~ 4	按高峰年平均职工人数
淋浴间		0.5 ~ 0.8	
文体活动室		0.07 ~ 0.1	
现场小型设施	开水房	0.01 ~ 0.04	
	卫生间	0.02 ~ 0.07	

3.3　临时交通道路

3.3.1　施工现场交通道路应满足现场内部各功能分区的连通和不同性质的使用要求。按照功能一般划分为主干道、次干道、支路、引道等，按照用途可划分为消防车道、运输道路、人行道路、疏散道路等。条件允许情况下，宜设置人车分流设施。

3.3.2 施工现场应设置两个以上安全出入口，设置安全疏散通道，并作出明显标识。重点区域应设置交通安全警示标志。

3.3.3 临时道路应硬化处理，并定期进行降尘处理。不适宜硬化的场地，应进行绿化或覆盖处理。

3.3.4 临时道路周边可设置雨水收集系统，实现节水和水资源回收再利用。

3.4 给水排水设施

3.4.1 开工前，施工企业应进行施工临时给水排水工程规划设计，满足施工需要，减少不必要的返工浪费。

3.4.2 施工现场临时给水排水管网规划设计时，应结合施工现场主要道路设置干管管线，结合临时建筑功能需要设置支管管线，管线管径应满足施工、消防用水的要求。

3.4.3 临时给水排水管线预埋应保证管道位置、标高正确，外露的管口应做好临时封堵。

3.4.4 临时给水排水管线和相关设施应根据项目当地实际情况，采取必要的防冻措施。

3.4.5 施工现场临时输水和排水管道应合理布置，并宜与周边市政管网连接。

3.4.6 施工现场内的生活污水应沉淀净化后单独排放，无法排放到市政疏水管网时，应设立污水池，定期抽排。

3.4.7 施工现场生产生活用水应实行计量管理，应采用节水器具设备，并应设置节水宣传标语。

3.5 电气设施

3.5.1 开工前，施工企业应进行施工临时用电工程规划设计，以满足施工、办公生活等用电设备负荷要求。

3.5.2 施工现场临时建筑宜采用低压配电系统，并应采用 TN-S 接零保护系统，宜采用人工接地体；接地设计应符合国家现行标准《民用建筑电气设计规范》JGJ 16、《施工现场临时用电安全技术规范》JGJ 46 及《应急临时安置房防雷技术规范》GB/T 34291 的有关规定。照明和插座宜分别供电，空调和取暖设施等用电设备应采用专用回路供电。现场宿舍照明用电宜使用 36V 及以下安全电压，采用强电照明的宜加装限流器。

3.5.3 临时建筑应设置总等电位联结，带有洗浴设备的卫生间、浴室等潮湿场所应设局部等电位联结，并应符合国家现行标准《民用建筑电气设计规范》JGJ 16 的有关规定。

3.5.4 工人宿舍照明宜使用 36V 及以下电压，宿舍内不宜设置插座，可设置通用串行总线（USB 接口）插座。宿舍内空调、电风扇、电暖气等大负荷用电设备，应设置专用回路。

3.5.5 临时建筑配电线路可采用金属管或塑料管、塑料线槽、专用缠绕带保护。暗敷的金属管壁厚不应小于 1.5mm，暗敷的塑料管壁厚不应小于 2mm；明敷时，塑料管、塑料线槽、缠绕带应选用燃烧性能等级不低于 B1 级的材料。

3.5.6 临时建（构）筑物的防雷装置设计和施工，应在认真调查建设所在地地理、地质、土壤、气象、环境等条件和雷电活动规律以及临时建（构）筑物的特点等基础上，因地制宜地确定防雷装置的形式及其布置。防雷设计和施工应符合国家现行标准《民用建筑电气设计规范》JGJ 16、《建筑物防雷设计规范》GB 50057 及《应急临时安置房防雷技术规范》GB/T 34291 有关规定。防雷装置应与临时建（构）筑物主体同时设计、同时施工、同时竣工检测、同时投入使用。防雷装置应安装可靠，接地电阻符合设计要求，并应定期检查和维护。

3.5.7 临时建筑弱电系统的传输线缆和设备的屏蔽应连接完

整，设备接地良好，各弱电系统应做好静电防护措施。

3.5.8 施工现场临时建筑与架空明设的用电线路之间应保持安全距离，临时建筑不应布置在电力线路保护区内。施工作业范围内不能满足高压线路安全距离的，应编制专项保护方案，并须经电力部门批准。

3.5.9 施工现场生产生活用电应实行计量管理，应采用节能设备，并应设置节能标识。

3.6 安全管理要求

3.6.1 施工现场临时建筑层数不应超过两层，会议室、资料室、食堂、库房宜设在临时建筑的底层。食堂操作间、锅炉房、可燃材料库房及易燃易爆危险品库房等应采用单层建筑，应与宿舍和办公用房分开设置，并应保持安全距离。

3.6.2 施工现场办公区、生活区宜布置于在建建筑坠落半径和塔吊等机械作业半径之外，现场条件限制无法满足时应采取安全防护措施。宿舍严禁设置于在建建筑物内。

3.6.3 施工现场临时设施应根据当地气候条件，采取抵御风、雪、雨、雷电等自然灾害（异常气象条件）的措施。

3.7 消防管理要求

3.7.1 施工现场临时设施应符合现行国家标准《建设工程施工现场消防安全技术规范》GB 50720 相关要求。施工现场临时设施材质应符合防火要求。施工现场临时建筑区域必须配备足额合规的消防器材，消防器材齐全有效。办公、生活临时建筑内不得存放易燃、易爆、剧毒、腐蚀性、放射源等化学危险物品。

3.7.2 施工现场临时建筑面积之和大于 $1000m^2$ 时，应设置室外消防给水系统。处于市政消火栓 150m 保护范围内，且市政消火栓数量满足室外消防用水量时，可不设置临时室外消防给水系统。

3.7.3　施工用消防水箱有效容积不应小于现场火灾延续时间内一次灭火的全部消防用水量。灭火器箱的配置数量应按照现行国家标准《建筑灭火器配置设计规范》GB 50140 的有关规定经计算确定，且每个场所的灭火器数量不应少于 2 具。消火栓应沿临时建筑均匀布置，与临时建筑外边线的距离不应小于 5m，消火栓间距不应大于 120m，施工现场四角区域应各设置 1 个消火栓。

3.7.4　消防车道设置应符合下列要求：

1　消防车道宜为环形，设置环形车道确有困难时，应在消防车道尽端设置尺寸不小于 12m×12m 的回车场。

2　消防车道的净宽度和净空高度均不应小于 4m。

3　消防车道的右侧应设置消防车行进路线指示标识。

4　消防车道路基、路面及其下部设施，应能够承受消防车通行压力及工作荷载。

5　消防车道与临时建筑的距离不宜小于 5m，且不宜大于 40m。

6　当临时建筑周边道路满足消防车通行及灭火救援要求时，可不设置临时消防车道。

3.7.5　临时建筑应与在建项目保持 10m 以上防火间距。

3.7.6　临时建筑距易燃易爆危险物品仓库等危险源的距离不应小于 16m。

3.7.7　施工现场应设置灭火器、临时消防给水系统和临时消防应急照明等临时消防设施。临时建筑、临时设施的布置应满足现场防火、灭火及人员安全疏散的要求。每 100 m² 临时建筑应至少配备两具灭火级别不低于 3A 的灭火器，食堂操作间等用火场所应适当增加灭火器的配置数量。

3.7.8　应在醒目位置设置临时消防设施、临时疏散设施，配备消防警示标识布置图。

3.7.9 施工现场出入口的设置应满足消防车通行的要求，并宜布置在不同方向，其数量不宜少于 2 个。当确有困难只能设置 1 个出入口时，应在施工现场内设置满足消防车通行的环形道路。

3.7.10 施工现场内应设置临时消防车道，临时消防车道与在建工程、临时建筑、可燃材料堆场及其加工场区的距离，不宜小于 5m，且不宜大于 40m。

3.7.11 施工现场主要临时建筑、临时设施的防火间距应满足规范要求。当办公用房、宿舍成组布置时，每组临时建筑的栋数不应超过 10 栋，组与组之间的防火间距不应小于 8m；组内临时用房之间的防火间距不应小于 3.5m。当建筑构件燃烧性能等级为 A 级时，其防火间距可减少到 3m，疏散楼梯的净宽度和疏散走道的净宽度不小于 1m，房间内任一点至最近疏散门的距离不应大于 15m，房门的净宽度不应小于 0.8m，房间建筑面积超过 50m² 时，房门的净宽度不应小于 1.2m。

3.7.12 办公、生活区临时建筑物应设置应急疏散通道、逃生指示标识和应急照明灯。

3.7.13 安全疏散应符合下列规定：

1 临时建筑的安全出口应分散布置。每个防火分区、同一防火分区的每个楼层，其相邻两个安全出口最近边缘之间的水平距离不应小于 5m。

2 对于两层临时建筑，当每层的建筑面积大于 200m² 时，应至少设两个安全出口或疏散楼梯；当每层的建筑面积不大于 200m² 且第二层使用人数不超过 30 人时，可只设置一个安全出口或疏散楼梯。当临时建筑超过两层时，应执行现行国家标准《建筑设计防火规范》GB 50016 相关规定。

3 房间门至疏散楼梯的距离不应大于 25m，采用自熄性轻质材料做芯材的彩钢夹芯板作围护结构的房间门至疏散楼梯的距离不应大于 15m。

4 疏散楼梯和走廊的净宽度不应小于1m，楼梯扶手高度不应低于0.9m，外廊栏杆高度不应低于1.05m。

3.8 其他要求

3.8.1 施工现场临时设施制作安装、拆卸或拆除应由专业人员施工，专业技术人员现场监督，项目经理负责组织检查验收。

3.8.2 施工现场临时设施所采用的原材料、构配件和设备等，其品种、规格、性能等应满足设计要求，并符合国家现行标准的规定，严禁使用淘汰产品。

3.8.3 热水锅炉、采暖锅炉、取暖设备、食堂炊具炉灶等，应使用清洁能源。

3.8.4 施工现场临时设施应与文明施工、绿色施工同步策划、同步安排、同步实施、同步检查，并应执行国家法律、法规和现行标准规范的要求，施工现场临时设施标识使用应执行企业品牌视觉识别标准要求。

4 门 禁

4.1 现场布局

4.1.1 施工现场布局应合理，施工区、办公区和生活区三区应有明显划分隔离，布置应美观简洁，经济环保，功能完善，管理有序（图 4-1）。

（a）

4.1.2 施工现场总平面布局应确定下列临建设施的位置：

1 施工现场的出入口、围墙和围挡、场内临时道路。

2 给水排水管网或管路、配电线路敷设或计划走向、高度。

3 施工现场办公用房、生活用房、发电机房、配电房、材料堆场及库房、可燃及易燃易爆危险物品存放场所、加工场地、固定动火作业场、主要施工设备存放区等。

（b）

图 4-1 施工现场平面布局

4 临时消防车道、消防救援场地和消防水源。

5 塔吊、施工升降机等大型施工机械设备安装位置。

4.2 施工大门

4.2.1 房屋建筑工程及施工工期在 6 个月以上实行封闭式管理的市政工程、轨道交通工程应在施工现场设置大门，大门应结合施工企业形象标识进行设置。

4.2.2 施工大门尺寸：宽（4500 ~ 6000）mm × 高 2200mm，门柱尺寸（不包括圆顶）：宽 720mm × 高 3000mm；大门的宽度可根据现场实际情况确定（图 4-2）。

图 4-2 内开式施工大门平面

4.2.3 施工大门可设置为内开式、电动推拉式等形式（图 4-3、图 4-4）。

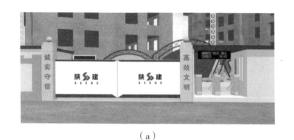

（a）

图 4-3 内开式施工大门（一）

（b）

图 4-3　内开式施工大门（二）

图 4-4　电动推拉式施工大门

4.3　施工人员实名制管理系统

4.3.1　门卫室或施工区人行通道入口处应设置管理系统，施工管理人员及施工操作人员采用持证刷卡、指纹识别或面部识别方式方可进入施工现场（图 4-5 ~ 图 4-7）。

17

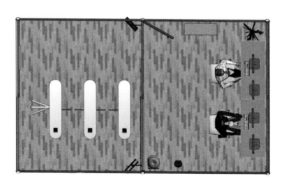

图 4-5 门禁系统（含门卫室、监控室）

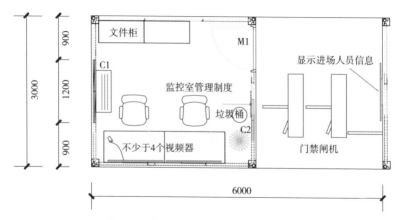

图 4-6 施工人员实名制管理平面布置

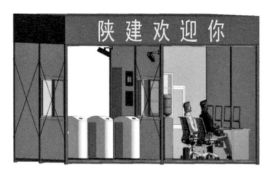

图 4-7 门禁系统（含门卫室、监控室）示意图

4.3.2 施工人员实名制管理系统包括门禁系统液晶显示器、LED 显示屏、实名制管理系统、闸机、面部识别或指纹识别等（图 4-8）。

（a）

（b）

图 4-8 施工人员实名制管理系统（含门卫室、监控室）

4.3.3 施工人员实名制管理系统应有以下数据：身份证件号码、姓名、工种、人员照片、合同有效日期等相关数据。门卫室门上应该悬挂或粘贴门牌，现场门卫责任人标牌固定在门卫室外醒目位置，室内悬挂各项管理制度标牌。对外来人员及车辆进出工地应有登记记录，来访者登记后方能进入施工现场。门卫室内应有安全帽，提供给来访人员使用。制度标牌尺寸：宽450mm×高600mm（或根据现场实际情况等比例缩放）（图4-9～图4-11）。

4.3.4　闸机数量应根据工地高峰期人员数确定，并应设置紧急疏散通道。

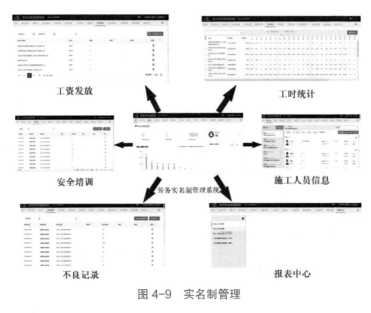

图4-9　实名制管理

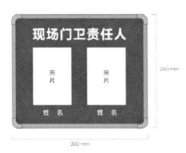

图4-10　门卫责任人牌样式　　图4-11　门卫制度牌样式

4.4 "八牌二图"

4.4.1 施工现场主要出入口醒目位置应设置"八牌二图"和宣传栏。

4.4.2 "八牌二图"内容可根据实际情况确定,应包括企业简介和工程概况牌、文明施工措施牌、施工项目岗位责任人牌、施工现场管理规定牌、施工现场纪律牌、施工现场防火规定牌、施工十项安全技术措施牌、绿色施工牌、施工现场平面布置图(含消防平面布置内容)、工程效果图等内容(图4-12)。

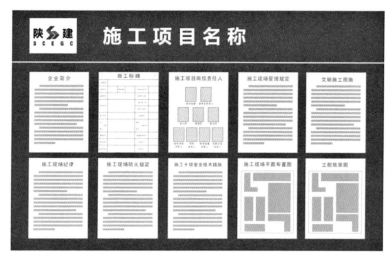

图 4-12 "八牌二图"效果图

4.4.3 "八牌二图"的整体式制作尺寸可根据现场实际情况确定。

4.4.4 "八牌二图"单图牌式图牌尺寸宜为宽900mm×高1200mm(或根据实际情况等比例缩放)(图4-13、图4-14)。

4.4.5 在工程施工过程中,应注意保持牌图完整和洁净,如因大风或施工中造成破损污染等情况,应及时更换或清洁。

图 4-13 "八牌二图"单图牌样式效果图

图 4-14 单图牌式"八牌二图"

4.5 洗车台

4.5.1 施工现场应在大门附近适当的位置设置洗车槽（冲洗池）和沉淀池，应配置全自动洗车装置，对驶出车辆进行冲洗，车辆冲洗干净方可上路行驶。

4.5.2 洗车台设置标准：洗车台应设置于工地大门内侧，长度不小于 8m，宽度不小于 6m，其周边设置排水沟，排水沟与三级沉淀池相连，并按规定处置泥浆和排放废水，沉淀池需定期清理并与市政排水管网相接；洗车台可设置为半封闭形式（图 4-15 ～图 4-19）。

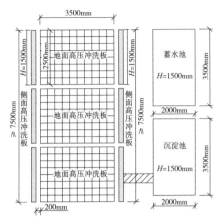

图 4-15　三联式自动车辆冲洗台做法

图 4-16　三联式自动车辆冲洗设施

图 4-18　振泥带、洗轮池等辅助设施

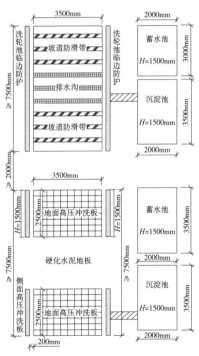

图 4-17　两联式组合自动车辆
冲洗台做法

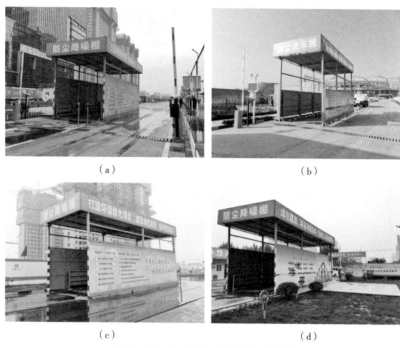

（a） （b）

（c） （d）

图 4-19　自动车辆冲洗防尘降噪棚

4.5.3　在不具备空间设置大型洗车设施的项目可采用简易的车辆冲洗设备，在施工场地出入口硬化车辆冲洗区域，设置简易洗车泵、洗车水枪和排水沟（图 4-20）。

4.5.4　洗车设施设置标准：应在洗车台处接通水管并配备压力不小于 8MPa 的高压水枪等冲洗设备，水枪连接水管长度不少于 10m。

4.5.5　在使用过程中，安排 1 ~ 2 人负责洗车台的日常维护与管理。包括车辆及轮胎的冲洗以及洗车台周边和大门外的冲洗，确保出场车辆不污染市政路面。

4.5.6　冲洗设施旁设置三级沉淀池，水资源循环利用。洗车台及沉淀池尺寸根据现场实际情况确定。

图 4-20 手动冲洗设备

5 围 挡

5.1 工具化围挡

5.1.1 施工现场应实行封闭管理，并应采用硬质围挡。市区主要路段的施工现场围挡高度不应低于 2.5m，一般路段围挡高度不应低于 1.8m。围挡应牢固、稳定、整洁。

5.1.2 施工现场四周围墙及场区内围挡，应使用可周转、定型化、标准化、工具化、装配式围挡，提高周转率，降低成本，严禁砖砌围墙（图 5-1 ~ 图 5-7）。

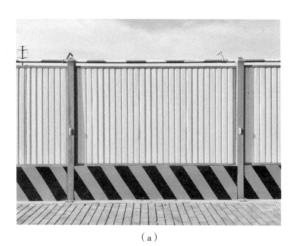

（a）

图 5-1 工具化围挡（一）

（b）

（c）

（d）

（e）

图 5-1 工具化围挡（二）

（a）

（b）

图 5-2 装配式围墙

5.2 通透式围挡

5.2.1 距离交通路口 20m 范围内占据道路施工设置的围挡，其 0.8m 以上部分应采用通透式工具化围挡，避免遮挡视线，并应采用交通疏导和警示措施。办公区、生活区、施工区范围内可采用通透式工具化围挡（图 5-3）。

（a）

（b）

（c）

（d）

图 5-3 通透式围挡

6 道 路

6.1 施工道路

6.1.1 施工现场临时道路应提前策划，宜做到永临结合。

6.1.2 施工主干道、材料堆放场地等应在场地原状土整平、夯实后，回填300mm厚2：8灰土，或铺设300mm砂石垫层，根据现场道路使用功能，合理选择面层做法。应采用可周转材料硬化路面，如钢板、预制混凝土块等，硬化区域周边应设置人行道、排水沟，不得有明显积水。

6.1.3 施工现场主要道路应尽可能利用永久性道路或先建成永久性道路的路基，铺设简易路面（图6-1）。

图6-1 永临结合路面

6.1.4 施工临时道路布置应保证车辆等行驶畅通，道路应设置两个以上的进出口，环形设置，覆盖整个施工区域，保证各种材料能直接运输到材料堆场，减少倒运，提高工作效率。其主干道应为双车道，宽度不小于6m，次要道路为单车道，宽度不小于3.5m，转弯半径不大于15m。消防通道宽度不得小于4m，道路转弯半径应不小于12m。

6.1.5 合理规划拟建道路与地下管网的施工顺序。在修建拟建永久性道路时，应充分考虑道路下部的整体规划，以保证运输畅通、车辆行驶安全，节约造价。

6.1.6 场地路面禁止采用鼓风机吹扫，应采用人工洒水清扫或使用高压清洗车冲刷清扫。

6.2 混凝土硬化道路

6.2.1 施工现场出入口、主要道路及基坑坡道宜使用混凝土硬化处理，其路面长度、宽度、厚度应符合相关规范规定，并满足大型运输车辆及消防车辆通行要求（图6-2、图6-3）。

图6-2 出入口混凝土硬化

图 6-3 主要道路混凝土硬化

6.3 钢板铺设道路

6.3.1 施工现场出入口、主要道路及基坑坡道宜采用 15 ~ 20mm 厚钢板铺设（图 6-4）。

（a）　　　　　　　　　　（b）

图 6-4 钢板铺设坡道

6.4 预制混凝土块铺设道路

6.4.1 施工现场主要道路可采用大型预制混凝土块铺设,应做到畅通、平整、坚实(图6-5)。

6.4.2 施工现场人行道路宜采用预制混凝土盖板铺设,并对铺设的混凝土盖板采取必要的成品保护(图6-6、图6-7)。

图6-5 预制混凝土块铺设道路

图6-6 预制混凝土盖板铺设人行道路

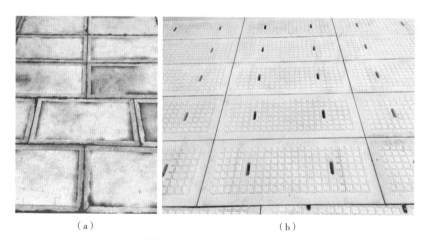

(a)   (b)

图6-7 混凝土预制板路面

7 办公设施

7.1 办公设施要求

7.1.1 办公设施应包括办公室、会议室、资料室、档案室等。

7.1.2 施工现场搭设的临时办公建筑,应本着有利于施工、方便使用、例行节约和安全适用的原则,统筹规划、合理布局。施工现场办公区应符合安全、适用、经济、绿色、美观的原则,便于安拆、易于周转,材质符合防火要求(图7-1 ~图7-5)。

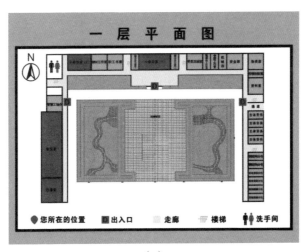

(a)

图 7-1 办公区平面布置(一)

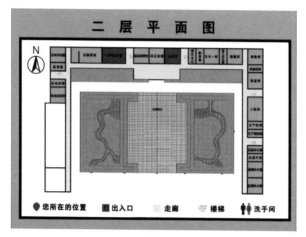

（b）

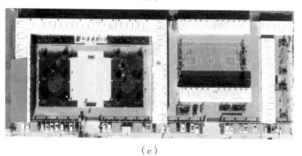

（c）

图 7-1　办公区平面布置（二）

（a）

图 7-2　办公区效果图（一）

（b）

（c）

图 7-2　办公区效果图（二）

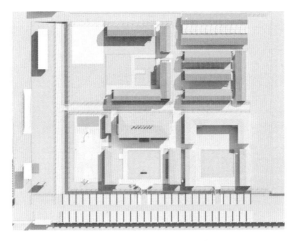

图 7-3　办公区、生活区布置

图 7-4　办公区、生活区实景

（a）

（b）

（c）

图 7-5　办公区实景

7.1.3 办公设施应功能完善、适用简洁、管理有序。

7.1.4 办公、生活和施工作业区临时设施应符合标准要求，并采取隔离措施，设置导向、警示、定位、宣传等标识。每扇门上应粘贴门牌。

7.1.5 办公临时建筑可采用箱式活动房或 K 式活动房。临时设施室内外高差不应小于 150mm。

7.2 施工现场办公室

7.2.1 施工现场办公室应布置办公桌椅、资料柜、打印机、复印机等办公设施，并安装空调。财务室等重要办公室应设置防盗系统。

7.2.2 办公室单间面积不应小于 15m²，进深不小于 5m，开间不小于 3m。

7.2.3 项目经理办公室和其他管理人员办公室应悬挂岗位职责标牌、管理制度标牌。项目经理部工作人员岗位职责标牌、管理制度标牌参考尺寸为 600mm×450mm 或根据实际情况等比例缩放。颜色为白底，标题为红色字，内容为黑色字。制度标牌为白底黑字。标牌底部标明项目名称和企业标识（图 7-6、图 7-7）。

图 7-6 岗位职责标牌

图 7-7 管理制度标牌

7.2.4 单间箱式活动房办公室参考尺寸为长 6m× 宽 3m× 高 2.7m，可设置单间办公室、双人间办公室、三人间办公室、多人间办公室（图 7-8 ~图 7-16）。

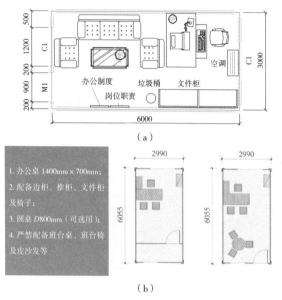

（a）

1. 办公桌 1400mm×700mm；
2. 配备边柜、推柜、文件柜及椅子；
3. 圆桌 D800mm（可选用）；
4. 严禁配备班台桌、班台椅及皮沙发等

（b）

图 7-8 单人办公室平面布置图（单位：mm）

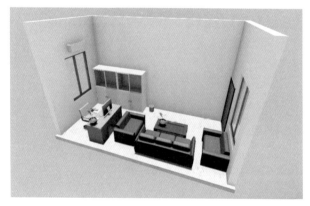

图 7-9 单人办公室效果图

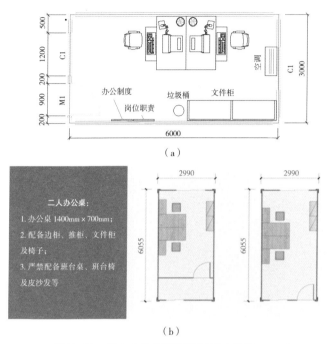

（a）

（b）

图 7-10 双人办公室平面布置图（单位：mm）

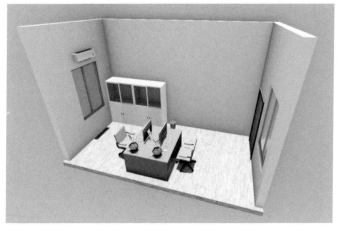

图 7-11 双人办公室效果图

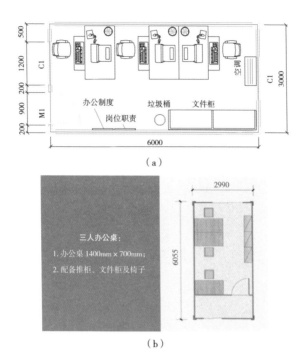

（a）

（b）

图 7-12　三人办公室平面布置图（单位：mm）

图 7-13　三人办公室效果图

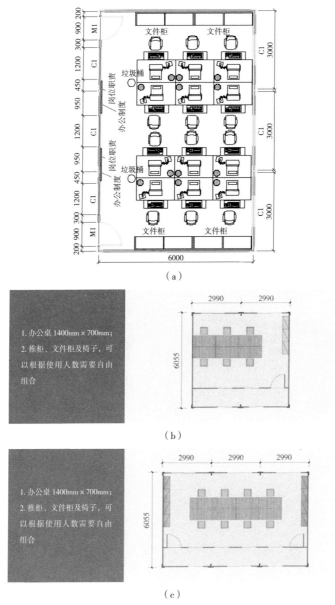

图 7-14 多人办公室平面布置图（单位：mm）

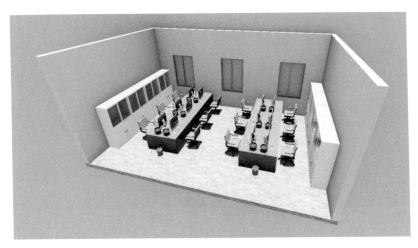

图 7-15　多人办公室效果图

（a）　　　　　　　　　　　　　　（b）

图 7-16　多人办公室实景图

7.3　施工现场会议室

7.3.1　施工现场项目经理部会议室布置应执行企业品牌视觉识别要求，会议室面积一般不小于 30m²，可兼做职工培训教室使用。

7.3.2　会议室应悬挂企业标识、管理方针、管理目标、组织机构、质量和安全管理保证体系、工程进度表、工程量完成表、工程效果图，悬挂位置应严格按照会议室平面布置图执行。

7.3.3 施工现场会务接待时，应摆放桌签、便笺纸（2~3张）、水杯、铅笔、笔筒等用品，并提供热水，减少使用瓶装水和纸杯。

7.3.4 会议室应在会议桌上设置"手机请静音""请节约用电"等温馨提示桌牌。

7.3.5 会议室内工程效果图标牌样式，尺寸为2000mm×1200mm或根据实际情况等比例缩放。

7.3.6 管理目标牌、组织机构图牌、质量管理保证和安全管理保证体系图等样式：尺寸为1500mm×1000mm或根据实际情况等比例缩放；字体为方正兰亭粗黑、方正兰亭黑；颜色为蓝色背景和白色。

7.3.7 工作量完成表、工程进度表、管理方针等标牌样式：尺寸为1500mm×1000mm或根据实际情况等比例缩放；材质为白亚光板；工艺为写真喷绘；字体为方正兰亭粗黑、方正兰亭黑；颜色为工作量完成表、工程进度表标牌为白底蓝字，管理方针标牌为蓝底白字。

7.3.8 工程倒计时牌样式：在办公场所或职工通道等醒目位置悬挂倒计时牌，显示公历日期、星期、温度、时间等信息，并显示距竣工所剩时间。

7.4 拆装式活动板房会议室

7.4.1 会议室应悬挂8块图牌，包括企业标识、管理方针、管理目标、组织机构、质量和安全管理保证体系、工程进度表、工程量完成表、工程效果图；图牌尺寸大小、字体、材质执行企业品牌视觉识别规定。会议室摆放桌签、便笺纸、水杯、铅笔等用品。具体悬挂位置、尺寸大小、形式标准参考图7-17~图7-23。

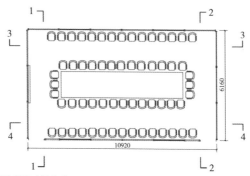

说明：1. 本图例示意尺寸单位为 mm；

2. 会议室应悬挂企业标识、管理方针、管理目标、组织机构、质量和安全管理保证体系、工程进度表、工程量完成、工程效果图、悬挂位置应严格执行本图例；

3. 施工现场会务接待时，应摆放桌签、便签（2～3 张）、纸杯、铅笔等用品，减少使用饮用瓶装水

图 7-17　会议室平面布置图

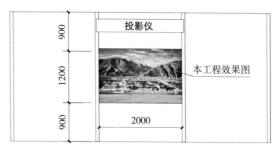

图 7-18　会议室平面布置 1-1 剖面图（单位：mm）

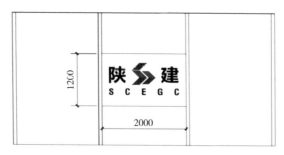

图 7-19　会议室平面布置 2-2 剖面图（单位：mm）

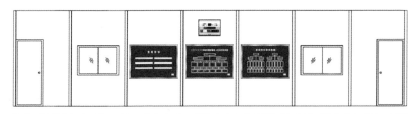

说明：本图例为项目管理目标、组织机构、质量和安全管理保证体系图，岗位落实到人。标牌底色为标准蓝色

图 7-20 会议室平面布置 3-3 剖面图

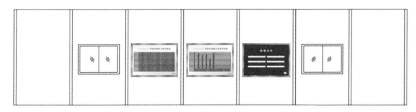

说明：1. 进度计划指本工程的总体进度计划，表达方式为横道图或网络图；
　　　2. 工程量完成图表达方式为直方图，按月统计；
　　　3. 进度计划与工程量完成统计实行动态管理；
　　　4. 管理方针为企业质量、环境和职业健康安全管理体系一体化方针，管理方针标牌底色为标准蓝色

图 7-21 会议室平面布置 4-4 剖面图

（a）

图 7-22 会议室效果图（一）

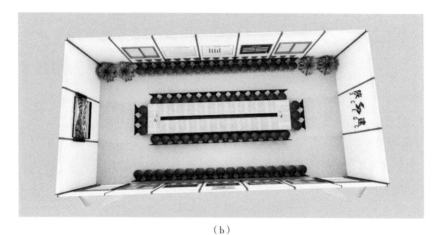

（b）

图 7-22　会议室效果图（二）

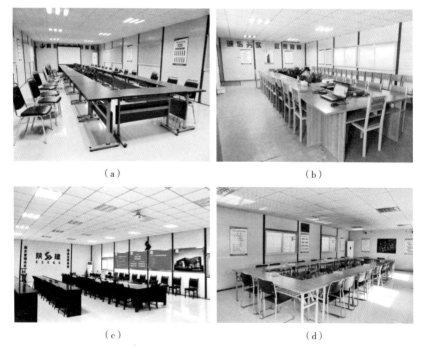

（a）　　　　　　　　　　　　（b）

（c）　　　　　　　　　　　　（d）

图 7-23　会议室实景图（一）

（e）　　　　　　　　　　　　（f）

（g）

图 7-23　会议室实景图（二）

7.5　箱式活动房会议室

7.5.1　会议室应悬挂 6 块图牌，包括企业标识、管理方针、管理目标、组织机构、进度计划、工程效果图及工期倒计时钟，质量和安全管理保证体系、工程量完成可采用其他方式展示；图牌尺寸大小、字体、材质执行企业品牌视觉识别指导手册规定。会议室摆放桌签、便笺纸、水杯、铅笔、笔筒等用品。具体悬挂位置、尺寸大小、形式标准参考图 7-24 ～图 7-29。

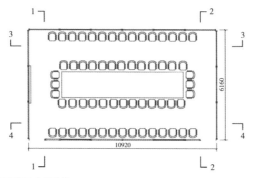

说明：1. 本图例示意尺寸单位为 mm；
　　　2. 会议室应悬挂企业标识、管理方针、管理目标、组织机构、质量和安全管理保证体系、工程进度表、工程量完成、工程效果图、悬挂位置应严格执行本图例；
　　　3. 施工现场会务接待时，应摆放桌签、便签（2～3张）、纸杯、铅笔等用品，减少使用饮用瓶装水

图 7-24　会议室平面布置图

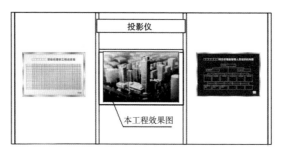

图 7-25　会议室平面布置 1-1 剖面图

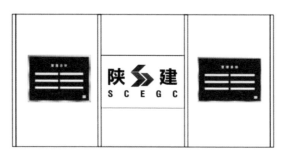

图 7-26　会议室平面布置 2-2 剖面图

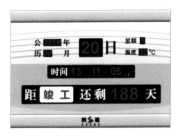

图 7-27　工程倒计时牌样式

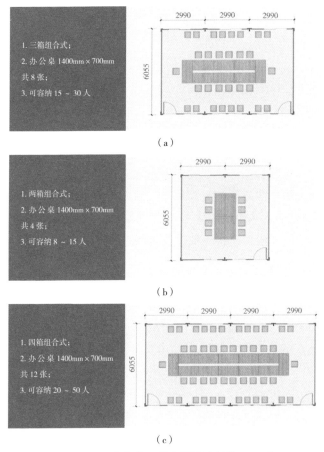

图 7-28　会议室平面布置图（单位：mm）

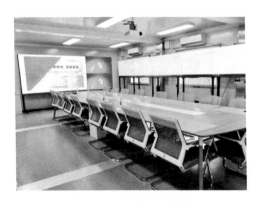

图 7-29　会议室实景图

7.6　BIM 中心

7.6.1　BIM 中心是通过 BIM 建模实现三维渲染展示、精确算量、优化设计、虚拟施工、碰撞检查等综合功能的项目管理信息化中心。

7.6.2　应配置能够流畅使用 BIM 软件的计算机。

7.6.3　BIM 中心应由专人负责，指导 BIM 技术的正确使用。

7.6.4　室内应悬挂 BIM 中心管理制度，制度标牌参考尺寸为 600mm×450mm 或根据实际情况等比例缩放（图 7-30 ~ 图 7-33）。

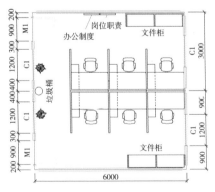

图 7-30　BIM 中心平面布置示意图（单位：mm）

图 7-31　BIM 中心效果图

图 7-32　BIM 中心实景图

图 7-33　BIM 中心管理制度标牌示意图

7.7 接待室

7.7.1 施工现场接待室布置应简洁大方，不得铺设地毯或软包装饰（图7-34 ~ 图7-36）。

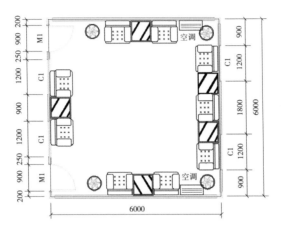

图 7-34 接待室平面布置图（单位: mm）

图 7-35 接待室效果图

（a）　　　　　　　　　　　（b）

图 7-36　接待室实景图

7.8　旗杆、旗台

7.8.1　办公区应在入口等醒目位置布置旗台，悬挂国旗、企业旗、项目部旗。

7.8.2　旗台应采用可周转定型化的方钢或角钢焊接、螺栓连接而成，外基面用铝板或彩钢板。底座参考长为4500mm，梯形截面参考尺寸如图7-36所示。国旗居中，杆中距1450mm，中间杆高10m，两侧杆高

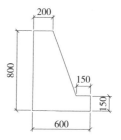

图 7-37　旗台截面示意图

9.5m。旗杆应采用不锈钢管焊接，并应与旗台做电气连接，旗杆宜做防雷接地（图7-38、图7-39）。

图 7-38　旗台做法效果图

图 7-39　旗台实景图

7.9　仪器架

7.9.1　仪器架参考尺寸为长 1500mm × 宽 600mm × 高 1200mm
或根据实际情况等比例缩放，可采用方钢或角钢焊接、螺栓连接，
中间配有木板隔挡（图 7-40 ~ 图 7-72）。仪器存储柜须上锁保管。

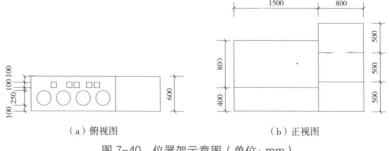

（a）俯视图　　　　　　　（b）正视图

图 7-40　仪器架示意图（单位：mm）

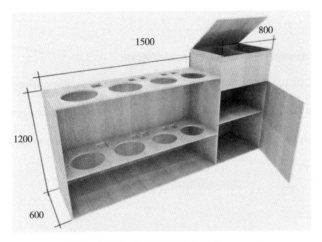

图 7-41　仪器架效果图（单位：mm）

图 7-42　仪器架实景图

7.10　看图架

7.10.1　图纸架应采用方钢或角钢焊接、螺栓连接，每层配有木板隔挡（图 7-43 ～图 7-45）。

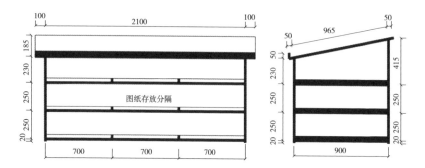

图 7-43　图纸架示意图（单位：mm）

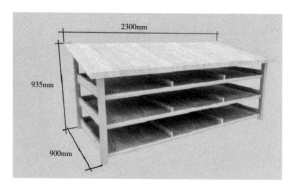

图 7-44　图纸架效果图（单位：mm）

图 7-45　图纸架实物图

7.11 安全帽存放处

7.11.1 在项目经理办公室或其他管理人员办公室应配置安全帽存放架或安全帽存放柜（图 7-46 ~ 图 7-48）。

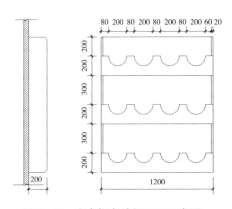

图 7-46 安全帽存放架平面示意图（单位：mm）　　图 7-47 安全帽存放架效果图

（a）

（b）

图 7-48 安全帽存放架

8 生活设施

8.1 生活设施要求

8.1.1 生活设施包括宿舍、食堂、卫生间、盥洗间、淋浴间、文体活动室等。特大型工程或建筑工人集中密集居住的项目提倡实行社区化、物业式管理模式。

8.2 宿舍

8.2.1 施工现场职工宿舍可采用箱式活动房（图 8-1 ～图 8-4），参考尺寸：长 6000mm × 宽 3000mm × 高 2700mm。职工宿舍一层室内外高差不应小于 200mm。

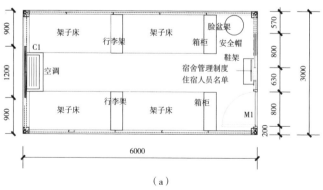

（a）

图 8-1 箱式活动房宿舍平面布置图（单位：mm）（一）

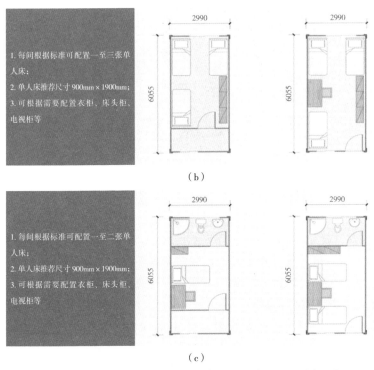

1. 每间根据标准可配置一至三张单人床；
2. 单人床推荐尺寸 900mm×1900mm；
3. 可根据需要配置衣柜、床头柜、电视柜等

（b）

1. 每间根据标准可配置一至二张单人床；
2. 单人床推荐尺寸 900mm×1900mm；
3. 可根据需要配置衣柜、床头柜、电视柜等

（c）

图 8-1 箱式活动房宿舍平面布置图（单位：mm）（二）

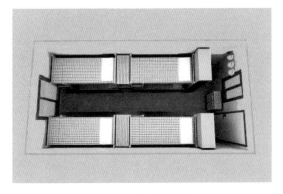

图 8-2 宿舍效果图

图 8-3 宿舍管理制度

图 8-4 宿舍示例

8.2.2 宿舍应设置单人铺,室内净高不应少于 2.5m,通道宽度不应小于 0.9m,床铺不应超过两层,标准临时用房每间人数不应超过 8 人,严禁使用通铺。

8.2.3 二层宿舍楼层面积大于 200m² 时,不得少于 2 部疏散楼梯。楼梯口应设置不少于一组灭火器等消防器材,临时建筑防火间距不应小于 3.5m。宿舍内宜设置烟感报警装置。

8.2.4 宿舍内应有治安、防火、卫生管理制度和措施(图 8-3)。电线敷设应安全整齐统一,宿舍内严禁存放液化气瓶等危险化学品。应在宿舍门口等醒目处张贴住宿人员及卫生值日名单表,并根据实际情况及时更新。生活区宜单独设置手机充电柜或充电房间。

8.3 食堂

8.3.1 食堂管理制度健全

1 食堂管理制度健全完善,制定有食物中毒预防措施。

2 食堂内应张挂相关管理制度牌、食品安全或饮食健康小常识等知识图牌。

8.3.2 食堂管理规范

食堂应依法取得餐饮服务许可证，炊事人员须持健康证上岗，证件原件应张贴于售饭口墙上。

8.3.3 食堂建筑符合下列要求：

1 食堂餐厅与操作间面积之比不少于3:2。操作间与储藏间分开设置，储藏间设置货架，食物应离地分类存放。食堂应设置空调、消毒、灭蚊蝇等设施。食堂与卫生间、垃圾房、有毒有害场所等污染源的距离不宜小于15m，且不应设在污染源的下风侧。食堂地面应做防滑处理（图8-5～图8-8）。

图8-5 食堂平面布置图（单位：mm）

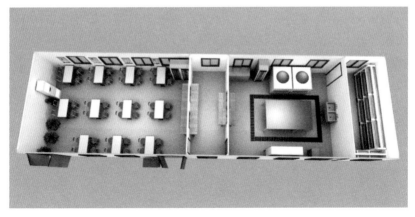

图8-6 食堂平面布置图

（a）

（b）

图 8-7　食堂内景

2　燃气罐应单设存放间并加装燃气报警装置，供气单位资质齐全。使用醇基液体燃料时，应符合相关规范要求。

3　箱式活动房的食堂器具应采用集成式，并应预制好与食堂器具相配套的给水管线、电路、排水管线等相关设施。

8.3.4　食堂卫生达到标准

食堂应设置独立的操作间、售菜（饭）间、储藏间，门扇下方应设不低于 200mm 的防鼠挡板。操作间灶台及其周边应采取易清洁、

图 8-8　食堂管理制度

耐擦洗措施，墙面处理高度应大于 1.5m，地面应做硬化和防滑处理，并应保持墙面、地面整洁。操作间应设置冲洗池、清洗池、消毒池、隔油池。餐厅应设置消毒柜（图 8-9 ~ 图 8-14）。

8.3.5　排风、油烟净化装置

排风口处应安装油烟净化排风装置，必要时可增设通风天窗（图 8-15）。

（a）

（b）

（c）

图 8-9　操作间内景

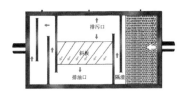

图 8-10　隔油池示意图

图 8-11　不锈钢隔油池

图 8-12　塑料隔油池

图 8-13 防鼠挡板

图 8-14 消毒柜

（a）

（b）

图 8-15 油烟净化装置

8.4 卫生间

8.4.1 卫生间应符合相关标准，通风良好且冲洗方便，高度不得低于2.5m，上部应设天窗，卫生间蹲位数量按现场施工人数确定（图8-16 ~ 图8-23）。

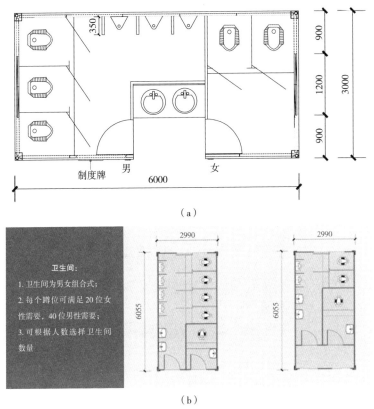

（a）

卫生间:
1. 卫生间为男女组合式;
2. 每个蹲位可满足 20 位女性需要, 40 位男性需要;
3. 可根据人数选择卫生间数量

（b）

图 8-16 箱式活动房卫生间平面布置图（单位: mm）

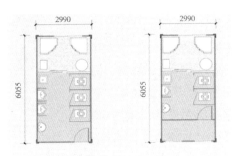

图 8-17 箱式活动房卫浴室平面布置图（单位: mm）

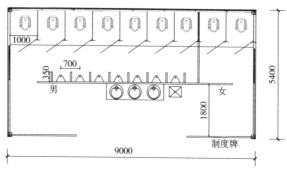

图 8-18　K 式活动房卫生间平面布置图（单位：mm）

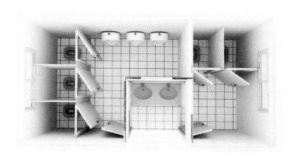

图 8-19　箱式活动房卫生间效果图

8.4.2　卫生间蹲位宜高出地面 100 ~ 120mm 设置，并设置隔板，地面应贴防滑地砖，地面不积水。

8.4.3　卫生间应为水冲式，内部贴瓷砖，应设有洗手盆、梳理镜、纱窗、门帘、灭蝇灯、节能照明灯、节水器材等设施。

8.4.4　根据施工图设计，采用永临结合的方式，提前布置化粪池及污水排放处理方案，实现废水集中收集处理，排污符合要求。

卫生间管理制度

1、必须配备适量的灭蝇、蚊灯等除四害设施，并由保洁员定时对除四害效果进行巡查。
2、每天至少打扫二次，由专人负责保洁。
3、卫生间内不准乱涂乱画。
4、使用指定的草纸，不能用报纸、香烟纸及其它不易冲洗的硬质纸，以防止下水道堵塞。
5、每个职工都有使用和保洁的义务，大便要入沟，不能在大便坑外小便，以免弄脏蹲坑。
6、每个职工都有监督，检举制止不卫生行为，对举报者给予适当的经济奖励。
7、每个月由生活卫生管理负责人组织人员进行检查。
8、厕所保洁责任人：

陕 建

图 8-20　卫生间管理制度

图 8-21 卫生间内景

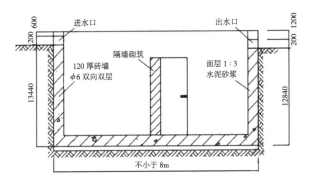

图 8-22 砖砌化粪池剖面图（单位：mm）

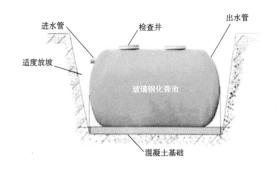

图 8-23 玻璃钢化粪池

8.5 淋浴间

8.5.1 生活区应设置固定的男、女淋浴间，地面铺设防滑砖，高度不应低于 2.5m。淋浴间应分淋浴区和更衣区两部分，淋浴区应设置排水沟或地漏，确保无积水。更衣区内应设有更衣柜、挂衣架、椅子、镜子等。淋浴间顶部可安装平板太阳能热水供应系统。

8.5.2 淋浴间内应设置冷热水管道和淋浴喷头，洗浴位置应满足每 100 人设置 5 个，每 20 人设置一个喷头，喷头间距不应小于 0.9m，并应采用节水龙头、脚踏式花洒、防溅开关、防水防爆灯具等设备，避免水资源浪费（图 8-24 ~ 图 8-28）。

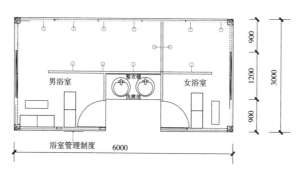

图 8-24 箱式活动房淋浴间平面布置图（单位：mm）

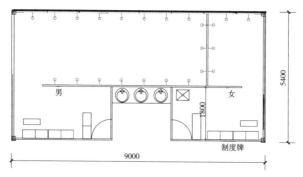

图 8-25 拆装式活动板房淋浴间平面布置图（单位：mm）

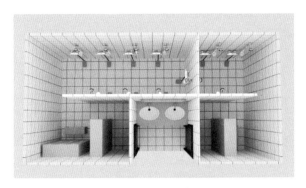

图 8-26　淋浴间效果图

图 8-27　淋浴间管理制度　　图 8-28　淋浴间实景图

8.6　洗衣间

8.6.1　洗衣间内应设置洗衣台和排水沟，悬挂管理制度、责任人牌（图 8-29 ~ 图 8-31）。

8.6.2　可配置投币式洗衣机，由投币系统自动控制洗衣机的运行，操作简单，无须有人值守，但需要根据自己选择的洗衣程序，注意把握时间，及时取回清洗的衣物，禁止将衣物长时间放置在洗衣机内，以免影响他人使用。

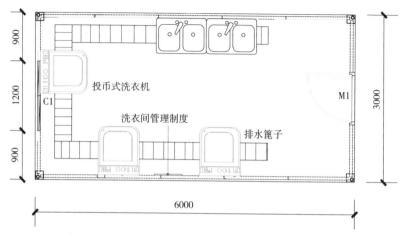

图 8-29　箱式活动房洗衣间平面布置图（单位：mm）

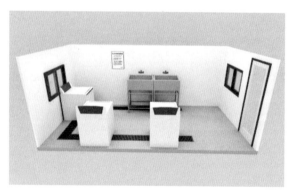

图 8-30　洗衣间效果图

图 8-31　洗衣间
管理制度

8.7　盥洗间

8.7.1　盥洗间下水管口设置过滤网，使用节水龙头等节水器材
（图 8-32、图 8-33）。

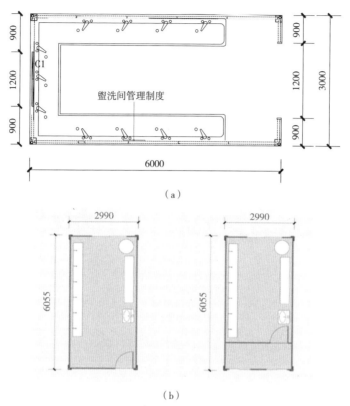

（a）

（b）

图 8-32 箱式活动房盥洗间平面布置图（单位：mm）

（a）

（b）

图 8-33 盥洗间实景图

8.8 晾晒区

8.8.1 应设置晾晒衣物的场所和晾衣架、拖把架及集水槽。

8.8.2 晾晒区宜提供晾鞋架等设施（图 8-34 ~ 图 8-36）。

（a）　　　　　　　　　　　　（b）

图 8-34 晾晒区

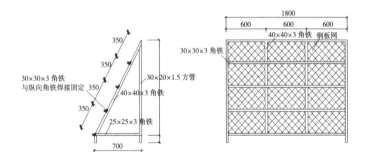

图 8-35 晾鞋架立面及正面示意图（单位：mm）

图 8-36 晾鞋架效果图

8.9 生活超市

8.9.1 生活超市应设置在生活区内，方便施工人员购买生活必需品。也可设置无人售货机，方便职工24小时购买（图8-37 ~ 图8-39）。

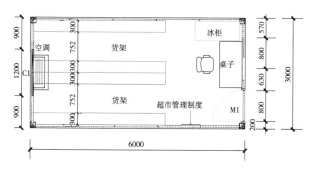

图 8-37 箱式活动房生活超市平面布置图（单位: mm）

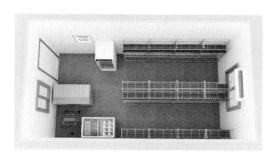

图 8-38 生活超市效果图   图 8-39 超市管理制度

8.10 医务室

8.10.1 医务室应配备防暑药品、创伤外用药品、消炎止泻药品、解热止痛药品、胃肠药、感冒药、抗过敏类药、消毒用品、眼药水、创可贴、绷带、消毒纱布、医用胶布、棉花、棉签等。现场也可配备移动式医务车（图8-40 ~ 图8-44）。

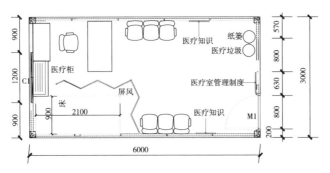

图 8-40　箱式活动房医务室平面布置图（单位：mm）

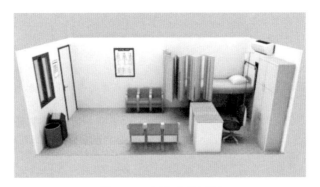

图 8-41　医务室效果图

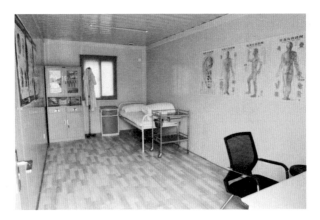

图 8-42　医务室

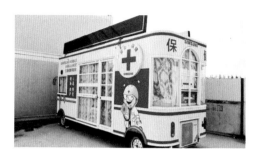

图 8-43 移动医务车

图 8-44 医务室管理制度

8.11 探亲房、客房

8.11.1 探亲房、客房应张贴管理制度，设有专人负责管理，保证房间卫生整洁（图 8-45 ~ 图 8-49）。

图 8-45 探亲房平面布置图（单位：mm）

图 8-46 探亲房管理制度

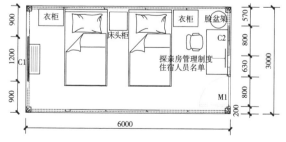

图 8-47 客房平面布置图（单位：mm）

图 8-48　客房效果图

图 8-49　客房实景

8.12　停车场

8.12.1　施工现场办公区、生活区、施工区应分别设置停车场，停车场应采用植草砖、透水砖铺设（图 8-50）。

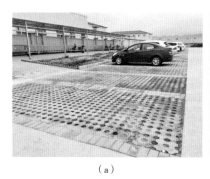 

（a）　　　　　　　　　　　（b）

图 8-50　停车场

8.13　自行车、电动车车棚

8.13.1　施工现场应设置自行车、电动车棚，宜采用定型化制作，并配置充电装置，并与临时建筑保持消防安全距离（图 8-51）。

（a）　　　　　　　　　　　（b）

图 8-51　自行车、电动车车棚

8.14　室外运动场地

8.14.1　生活区宜设置室外活动场地（乒乓球、羽毛球、篮球等场地），丰富职工的文化生活（图 8-52 ~ 图 8-54）。

（a）

（b）

（c）

图 8-52　室外健身设施

图 8-53 羽毛球场

图 8-54 篮球场

8.15 花坛

8.15.1 花坛分为移动式和固定式两种，宜利用废旧材料制作。为施工项目增添绿色，美化环境（图 8-55 ~ 图 8-59）。

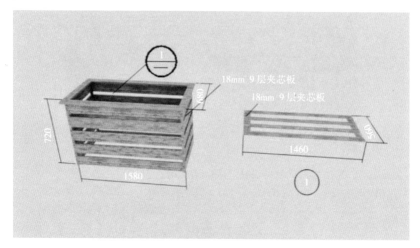

图 8-55　花坛示意图（单位：mm）

图 8-56　花坛实景图

图 8-57　成品塑料栅栏式花坛

图 8-58　花坛实景图

图 8-59　移动式花坛

8.16 爱心菜园

8.16.1 利用施工项目空地设置爱心菜园，减少黄土裸露，绿化环境（图8-60）。

（a） （b）

（c）

图8-60 爱心菜园

8.17 垃圾箱

8.17.1 垃圾箱一般应分为可回收和不可回收，并设专人保洁，定时处理。垃圾箱上不得使用企业标识。有条件的项目可按照厨余垃圾、有害垃圾、可回收物和其他垃圾进行垃圾分类投放（图8-61 ～ 图8-63）。

图 8-61　成品垃圾箱

图 8-62　塑料垃圾箱

图 8-63　分类垃圾箱

8.18 光伏板式热水系统及光伏发电、风能发电系统

8.18.1 现场临时设施上方宜设置光伏板式热水系统及光伏发电系统，充分发挥太阳能清洁、安全、便利、高效等特点，能够智能开启，节能环保，减少维护成本（图 8-64 ~ 图 8-66 ）。

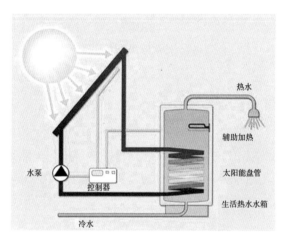

图 8-64 光伏板式热水系统原理图

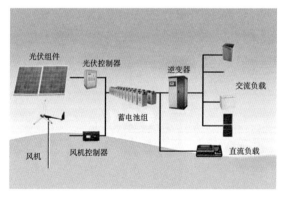

图 8-65 光伏发电、风能发电系统原理图

图 8-66　光伏板式热水系统实景

8.19　空气能热水器

8.19.1　空气能热水器的原理是把空气中的低温热量吸收进来，经过氟介质气化，然后通过压缩机压缩后增压升温，再通过换热器转化给水加热，压缩后的高温热能以此来加热水温。具有高安全、高节能、寿命长、不排放毒气等诸多优点（图 8-67、图 8-68）。

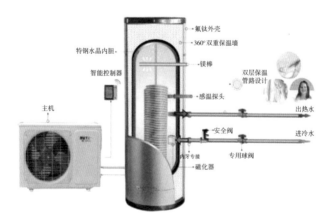

图 8-67　空气能热水器原理图

（a）　　　　　　　　　　（b）

图 8-68　空气能热水器实景

8.20　海绵工地

8.20.1　采用海绵城市理念，最大限度地实现雨水在办公、生活、施工区域的积存、渗透和净化，促进雨水资源的循环利用，保护生态环境（图 8-69、图 8-70）。

图 8-69　海绵工地示意图

（a）

（b）

图 8-70　下沉式绿地

8.21　其他设施

8.21.1　可折叠式休息凉亭具有方便周转，便携轻巧、占地小的特点，可设置在办公区、生活区一角，供职工吸烟、休憩之用（图 8-71）。

图 8-71　可折叠式休息凉亭

8.21.2　活动房楼梯梯段上部安装遮阳防雨棚,能够遮阳、防雨,防止人员因楼梯湿滑摔倒(图8-72)。

图8-72　楼梯遮阳防雨棚

8.21.3　活动房散水及人行砖可采用大尺寸(如300mm×600mm)人行道防滑砖、水泥地砖、条纹砖铺设;排水盖板可采用钢制架板,方便周转(图8-73、图8-74)。

图8-73　活动房散水及人行砖　图8-74　排水盖板采用钢制架板

8.21.4 有条件的项目可设置智能快递柜，快捷方便又安全（图 8-75）。

图 8-75 智能快递柜

9 施工设施

9.1 钢筋加工车间

9.1.1 钢筋加工车间具体尺寸根据现场实际情况确定（图9-1）。当对环境保护有特殊要求的项目，可采用降噪屏搭设半封闭式钢筋加工车间（图9-2）或封闭式钢筋加工车间（图9-5、图9-6）。加工车间地面应硬化处理。

9.1.2 搭设在塔吊回转半径和建筑物周边的工具式钢筋加工车间必须设置双层硬质防护。

9.1.3 立柱可采用在混凝土基础上预埋螺栓固定。

9.1.4 加工车间顶部应悬挂企业标识和宣传用语的横幅，横幅宽度宜为1m（图9-1 ~ 图9-8）。

图9-1 钢筋加工车间效果图

9.1.5 应在钢筋加工车间醒目处悬挂操作规程图牌，图牌的尺寸为宽 450mm× 高 600mm，图牌朝内悬挂。

9.1.6 各种型材及构配件的具体规格应根据当地风荷载、雪荷载进行核算。

9.1.7 常规钢筋加工车间细部节点见详图（图 9-4）。

图 9-2 半封闭式钢筋加工车间

图 9-3 双层硬质防护钢筋加工车间

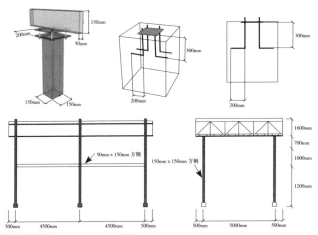

说明：1. 柱间连接杆件 50mm×150mm 方钢；

2. 立柱 150mm×150mm 方钢；

3. 桁架主梁 150mm×150mm 方钢；

4. 桁架除主梁外均用 50mm×150mm 方钢；

5. 立柱与桁架各焊接 150mm×150mm×10mm 钢板，以 M12 螺栓连接；

6. 基础尺寸为 700mm×700mm×700mm，采用 C30 混凝土浇筑，预埋 300mm×300mm×12mm 钢板，钢板下部焊接直径 20mm 钢筋，并塞焊 4 个 M18 螺栓固定立柱。

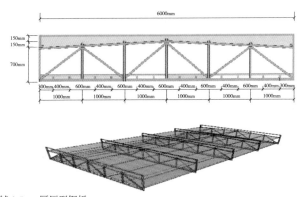

说明：1. 顶铺 0.5mm 厚压型钢板；

2. 上层檩条上设置 20mm×20mm 网孔钢板网；

3. 下层檩条上方铺设脚手板；

4. 下层檩条下挂 0.5mm 厚压型钢板；

5. 檩条为 50×50mm 木模方钢。

图 9-4 钢筋加工车间细部节点图

图 9-5　封闭式钢筋加工车间

图 9-6　封闭式钢筋加工车间内景

图 9-7　全自动数控箍筋加工车间

图 9-8　全自动钢筋笼成型加工车间

9.2　木工加工车间

9.2.1　木工加工车间宜内壁采用矿棉吸声板搭设，尺寸宜为 5.4m×5.4m，具体尺寸可根据现场实际情况确定，加工车间地面应硬化（图 9-9～图 9-11）。

9.2.2　搭设在塔吊回转半径或建筑物坠落半径范围的工具式木工加工车间必须设置双层硬质防护顶棚。

9.2.3　加工车间顶部可悬挂企业标识和宣传用语的横幅，横幅宽度宜为 1m。

图 9-9　木工加工车间效果图

图 9-10　木工加工车间

93

图 9-11　木料加工操作台

9.2.4　应在工具式木工加工车间醒目处悬挂操作规程图牌，图牌的尺寸为宽 450mm× 高 600mm。

9.2.5　木工加工车间应设置消防器材。

9.2.6　各种型材及构配件具体规格应根据当地风荷载、雪荷载进行核算。

9.3　安全通道、施工电梯地面出入口防护棚

9.3.1　工具式安全通道、施工电梯地面出入口防护棚搭设尺寸为宽 4.5m× 高 6m，垂直建筑物方向的长度应覆盖最大坠落半径范围，具体尺寸根据现场实际情况确定。通道、防护棚地面应硬化（图 9-12 ~ 图 9-18）。

9.3.2　搭设在塔吊回转半径和建筑物周边坠落半径范围内的工具式安全通道必须设置双层硬质防护。

图 9-12　安全通道效果图

9.3.3 通道、防护棚顶部应悬挂安全警示标识和安全宣传用语的横幅，横幅宽度宜为1m。

9.3.4 通道两侧可悬挂900mm宽宣传条幅，施工电梯防护棚醒目处挂操作规程图牌，图牌的尺寸为宽450mm×高600mm，图牌朝内悬挂。

9.3.5 各种型材及构配件规格同钢筋加工车间，具体规格、材质应根据当地风荷载、雪荷载计算确定。

图9-13 工具式安全通道　图9-14 施工电梯地面出入口防护棚效果图

图9-15 工具式施工电梯地面出入口防护棚（电梯基础置于车库顶板下部）

图 9-16　工具式施工电梯地面出入口防护棚（电梯基础置于车库顶板上部）

图 9-17　工具式施工电梯地面出入口防护棚立柱护墩

图 9-18　工具式安全通道（设置门禁闸机）

9.4 小型加工防护棚

9.4.1 小型加工防护棚框架可采用40mm方钢焊制，高度2400mm，长、宽根据现场机械设备情况确定，参照工具式钢筋车间设置（图9-19～图9-23）。

9.4.2 应在防护棚正面悬挂操作规程图牌、警示标牌、责任标牌。

9.4.3 应在防护棚内设置消防器材。

图 9-19　机械防护棚效果图

图 9-20　工具式砌体加工车间

图 9-21 工具式水电安装加工车间

图 9-22 工具式机修加工车间

图 9-23 可移动式小型构件加工车间

9.5 塔式起重机防护

9.5.1 塔式起重机附墙安装作业平台、司机上下通道、防攀爬安全隔离层、地面防攀爬护栏应采用工具式防护（图 9-24 ~ 图 9-28）。

9.5.2 附墙安装作业平台，两侧操作面宽度至少 500mm；防攀爬安全隔离层宽度应至少比塔式起重机标准节宽 1.6m，两侧各宽 0.8m，安装高度根据现场实际情况确定。

图 9-24 附墙安装作业平台

图 9-25 司机上下通道

图 9-26 防攀爬安全隔离层

图 9-27 底部工具式围栏（内置配电箱）

图 9-28 底部工具式围栏（外置配电箱）

9.6 洞口防护

9.6.1 楼板、屋面和平台等面上短边边长 < 500mm 的非竖向洞口，必须用坚实的盖板覆盖。盖板应涂刷与长边成 45° 夹角、红白相间的斜线警示色带，并能够防止挪动移位（图 9-29）。

9.6.2 短边边长为 500 ~ 1500mm 的非竖向洞口,应采用贯穿于混凝土板内的钢筋构成防护网,钢筋网格间距不得大于 200mm,上方采用盖板覆盖。盖板应涂刷与长边成 45° 夹角、红白相间的斜线警示色带,并能够防止挪动移位(图 9-30)。

9.6.3 短边边长在 1500mm 以上的非竖向洞口,四周设置高度不低于 1.2m 的防护栏杆,采用密目式安全网或工具式栏板封闭,洞口下张设安全平网(图 9-31、图 9-32)。

9.6.4 通道口上方应搭设双层防护棚,其架体主要受力构件应经设计计算确定。顶部用 50mm 厚木质脚手板或等强度的材料铺设,上下两层间距不得小于 700mm,上下两层脚手板铺设方向应相互垂直交错。

9.6.5 防护棚沿建筑物方向伸出通道口每侧宽度均不小于 1000mm,垂直建筑物方向的宽度应不小于最大作业高度确定的坠落半径,且应不小于 4m。通道口的两侧应设置防护栏杆。

9.6.6 对于窗台高度不足 800mm 的墙面洞口,应设置防护栏杆防护(图 9-33)。

图 9-29 边长小于 500mm 的非竖向洞口防护效果图

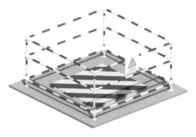

图 9-30 边长 500 ~ 1500mm 的非竖向洞口防护效果图

图 9-31 边长大于 1500mm 的非竖向洞口防护示意图

图 9-32　边长大于 1500mm 的非竖向洞口防护

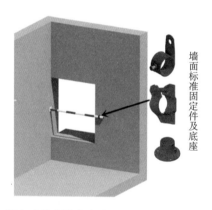

图 9-33　窗台或剪力墙上高度不足 800mm 的竖向洞口防护

9.7　电梯井防护

9.7.1　电梯井每层进行水平防护封闭，在井内有人作业时，在作业层以下每 10m 且不大于两层应张挂一道水平安全平网（图 9-34）。井口应采用高度 ≥ 1.5m 的工具式防护门防护，下部设置高度 ≥ 180mm 的挡脚板（图 9-35 ~ 图 9-37）。

9.7.2　主体结构施工操作层电梯井水平防护,可采用定型钢制平台防护,防护平台固定措施应经设计计算,满足施工安全防护强度要求。

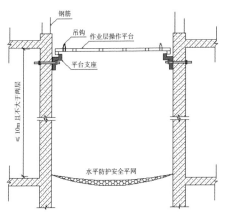

图 9-34　电梯井内水平防护示意图

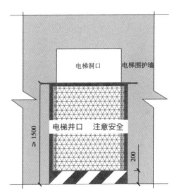

图 9-35　电梯井口防护示意图

图 9-36　电梯井口格栅式防护

图 9-37　电梯井口网式防护

9.8　配电箱

9.8.1　固定式配电箱、开关箱的箱体中心点与地面的垂直距离应为 1.4 ～ 1.6m。移动式配电箱、开关箱的箱体中心点与地面的垂直距离应为 0.8 ~ 1.6m。

9.8.2 电焊机开关箱内应设置二次侧空载降压保护设施（图 9-38）。

9.8.3 金属箱门与金属箱体之间必须采用软铜线作电气连接。

9.8.4 分配电箱与开关箱的距离应 ≤ 30m，开关箱与其控制的固定式用电设备的水平距离应 ≤ 3m（图 9-39）。

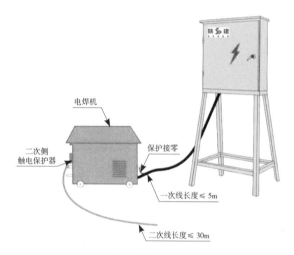

图 9-38 电焊机用电示意图

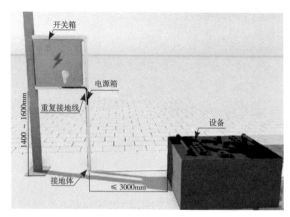

图 9-39 配电箱安装示意图

9.8.5 配电箱防护棚主框架可采用40mm方钢焊制，栅栏方钢间距按150mm设置，高度2400mm，长宽为1500～2000mm，正面设置栅栏门（图9-40～图9-42）。

9.8.6 应在防护棚正面悬挂操作规程图牌、警示标牌、责任人标牌。

9.8.7 应在防护棚外设置干粉灭火器。

图9-40 配电箱防护棚示意

9.8.8 配电箱防护棚应涂刷红白相间油漆警示。

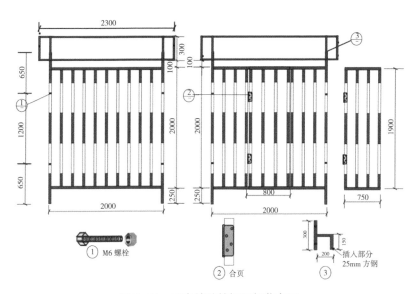

图9-41 配电箱防护棚细部节点图

图 9-42　配电箱防护棚

9.9　混凝土输送泵降噪棚

9.9.1　施工现场的混凝土输送泵外围应设置降噪棚，隔声材料可选用夹层彩钢板、吸声板、吸声棉等，隔声棚应便于安拆、移动（图 9-43 ~ 图 9-46）。

9.9.2　应在降噪棚正面悬挂输送泵操作规程图牌、警示标牌、责任人标牌。

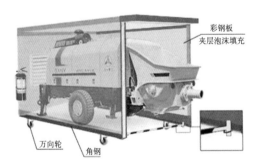

图 9-43　混凝土输送泵降噪棚效果图

图 9-44 半封闭式混凝土输送泵降噪棚

图 9-45 全封闭式混凝土输送泵降噪棚

图 9-46 可移动多功能隔声棚

9.10 易燃易爆危险品库房

9.10.1 易燃易爆物危险品库房设置应在全年最小频率风向的上风侧，远离明火作业区、人员密集区和建筑物相对集中区域，防火间距不应小于 15m，严禁烟火，并应设置相应的消防设施。

9.10.2 易燃露天仓库四周内应有不小于 6m 的平坦空地作为消防通道，通道上禁止堆放任何材料或障碍物。

9.10.3 可燃材料及易燃易爆物危险品库建筑构件燃烧性能等级应为 A 级，单个库房建筑面积不应超过 20m²，库房内任意点至最近疏散门的距离不应大于 10m，房门净宽度不应小于 800mm（图 9-47、图 9-48）。

图 9-47 易燃易爆危险品库房效果图

9.10.4 可燃材料及易燃易爆危险品应按计划限量进场。进场后，可燃材料宜存放于库房内。如露天存放时，应分类成垛堆放，高度不应超过 2m，单垛体积不应超过 50m³，垛与垛之间的最小间距不应小于 2m，且采用不燃或难燃材料覆盖；易燃易爆危险品应分类专库储存，库房内通风良好并设置严禁明火标志。

9.10.5 室内使用油漆及其有机溶剂、乙二胺、冷底子油或其他可燃、易燃易爆危险品的物资作业时，应保持良好通风，作业场所严禁明火，并应避免产生静电。

9.10.6 对贮存的易燃物资应经常进行防火安全检查，发现火险隐患，必须及时采取措施予以消除。

9.10.7 库房内可设置红外线探测器，具有防盗和火灾自动报警功能，设置自动干粉灭火器。

图 9-48　易燃易爆危险品库房

9.11　有毒有害材料库房

9.11.1　有毒有害作业场所应在醒目位置设置安全警示标识，并应符合现行国家标准规定。

9.11.2　有毒有害材料库房应独立设置，距在建工程不小于15m，距临建房屋距离宜大于25m。地面应设置防潮隔离层，防止油料跑、冒、滴、漏，造成场地土壤污染（图 9-49）。

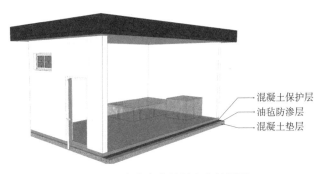

混凝土保护层
油毡防渗层
混凝土垫层

图 9-49　有毒有害材料库房效果图

9.11.3 有毒有害材料库房内应采取密闭、隔离、通风等措施。建立有毒材料保管、发放、使用管理制度。

9.11.4 从事有毒有害的施工人员应佩戴相应的防护用具，保证人员安全。同时，施工单位应依据有关规定对从事有职业病危害作业的人员定期进行体检和培训。

9.12 材料堆场

9.12.1 钢筋堆场

1 钢筋原材、成品、半成品材料堆放场地应进行硬化，且不得直接堆放在地上，应使用钢筋堆放支架（图9-50～图9-53）。

2 钢筋原材堆放架体立柱及底座纵、横梁均采用16号工字钢，在下端250mm处通过连接钢板用螺栓组合成架体（图9-54）。

3 钢筋原材以及半成品材料堆放应按批，分级别、品种、直径、外形堆放，堆放高度不超过1.5m，材料标牌悬挂在醒目位置。

4 现场可制作工具式可移动钢筋半成品堆放箱（图9-55、图9-56）。

图9-50 直条钢筋堆放支架

图 9-51 盘圆钢筋堆放支架

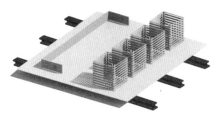

图 9-52 钢筋半成品堆放示意图

图 9-53 半成品钢筋堆放

图 9-54 工具式钢筋原材堆放支架

（a）　　　　　　　　　　　（b）

图 9-55　移动式箍筋堆放箱

图 9-56　工具式箍筋吊具

9.12.2　砌体堆场

1　砌体堆放场地应平整硬化，并有防雨和排水措施。砌体不宜着地堆放，防止浸水（图 9-57）。

2　砌块应按规格、强度、密度等级分别堆放，并悬挂标识牌。

3　砌块堆放高度不宜超过 1.5m。

图 9-57 砌体堆放

9.12.3 干粉砂浆存放

施工现场应使用预拌干粉砂浆，并使用罐装密闭存放，严禁露天放置（图 9-58）。

（a） （b）

图 9-58 砂浆罐防尘棚

9.12.4 砂石、水泥堆场

1 施工中应测定砂、石含水率，控制含水率指标，并根据其变化幅度及时调整施工配合比。水泥等材料堆放时应放置在高地势处并入库存放，底部设置防潮垫。现场应根据实际情况建立封闭式松散材料库，应有库房管理制度和防尘、防火、防潮措施（图9-59）。

2 根据实际进度确定松散材料进场时间。施工现场松散材料堆放处及时清理，减少扬尘（图9-60~图9-62）。

3 袋装水泥存放库房应保持地面干燥，垫板应离地300mm，四周离墙300mm，堆放高度不大于10袋，按照到货先后依次堆放，尽量做到先到先用，避免长期存放。

图9-59 封闭式散装水泥库

图9-60 砂石存放示意图

图 9-61 砂、石存放

图 9-62 砂、石全封闭存放

9.12.5 安装材料堆场

1 安装材料使用定型式的货架摆放，成品、半成品材料均应悬挂醒目标识牌（图 9-63）。

2 安装材料架制作采用 40mm × 40mm 方钢，承插式连接。

3 安装架表面可涂刷蓝油漆。

4 材料标识应悬挂在醒目位置（图 9-64）。

5 成品材料可使用工具式吊装工具吊运（图 9-65、图 9-66）。

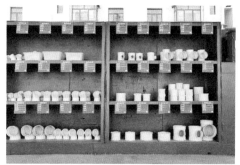

图 9-63 安装材料堆放架　　　图 9-64 安装半成品材料堆放架

图 9-65 定型化箱式吊笼　　　图 9-66 定型化槽式吊笼

9.13 废料回收间

9.13.1 在施工现场应建立封闭式垃圾站，密闭运输，分类收集，集中堆放，将建筑垃圾资源化回收利用（图 9-67 ~ 图 9-78）。

9.13.2 楼层内建筑垃圾可采用钢制或塑料串筒集中收集（图 9-68 ~ 图 9-73）。

图 9-67 建筑垃圾分类回收站

图 9-69 楼层建筑垃圾管道密封收集　图 9-68 楼层建筑垃圾管道密封收集
　　　　（管道外置二）　　　　　　　　　（管道外置一）

图 9-70 楼层建筑垃圾串筒密封收集　图 9-71 楼层建筑垃圾串筒密封收集
　　　　（管道内置一）　　　　　　　　　（管道内置二）

图 9-72 楼层建筑垃圾串筒密封收集
（管道内置三）

（a）

（b）

图 9-74 建筑垃圾分类回收箱

图 9-73 楼层建筑垃圾串筒密封收集
（管道内置四）

图 9-75 废旧材料加工再利用车间

图 9-76　建筑垃圾筛分网　　　　图 9-77　垃圾破碎机

图 9-78　建筑余料、尾料利用

9.14　施工现场卫生间

　　施工现场及施工作业区域应设置移动卫生间，高层建筑施工超过 8 层时，每隔 4 层应设置移动厕所。施工现场卫生间应安排专人负责定期清扫、消毒（图 9-79 ~ 图 9-83）。

（a）　　　　　　　　　　　　（b）

图 9-79　施工区简易卫生间

图 9-80　施工区箱式卫生间　　　　图 9-81　楼层内临时卫生间

图 9-82　施工区简易小便池　　　　图 9-83　施工区简易移动式
小便池

9.15 休息室、饮水室、吸烟室

9.15.1 施工现场应设置休息室、饮水室和吸烟室，布置在现场适宜区域，与卫生间、垃圾收集间等污染源以及易燃易爆危险品库等危险源保持一定距离，所用的建造材料应符合环保、消防要求（图 9-84 ~ 图 9-88）。

9.15.2 应明确专人管理，室内悬挂管理制度及宣传展板。

图 9-84 箱式休息间

图 9-85 简易休息亭

121

9.15.3 合理设置人员热水饮用点或直饮水供应点，保证人员用水安全。施工现场饮水供应器具应符合卫生安全标准。

（a）

（b）

（c）

图 9-86 箱式茶水亭

（a）

（b）

图 9-87 简易茶水亭

（a）

（b）

（c）

图 9-88　施工区吸烟室

9.16 排水设施

9.16.1 应根据现场实际设计排水系统，充分考虑基坑、道路、办公生活区、加工区、材料堆放区等区域部位，做到雨污分流，有组织排水。

9.16.2 排水设施为明排、暗排两种形式：建筑物四周、施工道路及材料堆放区可设置排水明沟；卫生间及现场办公生活区域，应预埋排污水管道、化粪池等。现场施工污水应经过沉淀后方可排入市政污水管网（图 9-89）。

9.16.3 现场的沉淀池及排水沟槽应落实专门人员定期进行清理，特别是雨期施工期间，应及时做好现场排水系统的检查及清理，防止管线阻塞。

9.16.4 排水明沟截面尺寸宜为宽 300mm × 深 300mm，排水沟坡度为 1% ~ 3%。

9.16.5 排水沟样式：预制式排水沟、钢格板式排水沟盖板、成品式排水沟（图 9-90、图 9-91）。

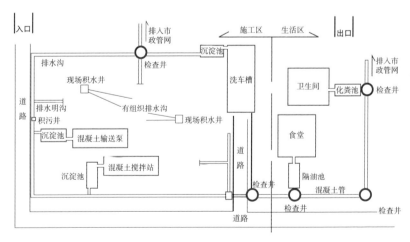

图 9-89 施工现场排水示意图

（a）

（b）

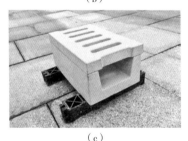

（c）

图 9-90　成品式排水沟

图 9-91　钢格板式盖板

9.17　消防设施

9.17.1　临时消防给水系统

1　项目经理部应单独编制施工现场消防安全专项方案，报施工单位主管部门和主管领导审核、审批。

2　临时用房建筑面积之和大于 1000m² 或在建工程单体体积大于 10000m³ 时，应设临时室外消防给水系统（图 9-92）。当建筑处于市政消火栓 150m 保护范围内，且市政消火栓水量足够满足室外消防用水量要求时，可不设置临时室外消防给水系统。

3　消防栓间距不应大于 120m，最大保护半径不得大于 150m，且与在建工地、临时用房和可燃材料堆场及其加工场的外边线的距离不应小于 5m（图 9-93）。给水干管的管径不应小于 $DN100$。

4　建筑高度大于 24m 或单体体积超过 30000m³ 的在建工程，应设置临时室内消防给水系统。设置室内消防给水系统的在建工程，应设置消防水泵接合器。消防水泵接合器应设置在室外，便于消防车取水的部位，与室外消火栓或消防水池取水口的距离宜为 15～40m。

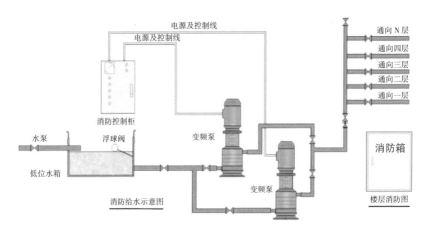

图 9-92　临时消防给水系统示意图

5　在建工程结构施工完毕的每层楼梯处应设置消防水枪、水带及软管，且每个设置点不应少于 2 套水带。

6　消火栓接口的前端应设置截止阀，且消火栓接口或软管接口的间距，多层建筑不应大于 50m，高层建筑不应大于 30m。

7　临时用房建筑应定点设置灭火器箱（内装灭火器，至少 2 具 / 箱），灭火器箱不少于 1 个 / 200m^2。且单具灭火器间距不得大于 25m。

8　严寒和寒冷地区的现场临时消防给水系统应采取防冻措施。

9.17.2　消防泵房

1　建筑高度大于 24m 或单体体积超过 30000m^3 的在建工程，应设置临时消防泵房（图 9-94、图 9-95）。

图 9-93　临时消防栓布设

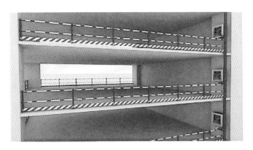

图 9-94　室内临时消防布置

图 9-95　消防泵房

2　消防泵房应采用专用消防配电线路。专用消防配电线路应自施工现场总配电箱的总断路器上端接入，且应保证不间断供电。

3　高度超过 100m 的在建工程，应在适当楼层增设临时中转水池及加压水泵。中转水池的有效容积不应小于 10m³，上下两个中转水池的高差不宜超过 100m。

4　临时消防给水系统的给水压力应满足消防水枪充实水柱长度不小于 10m 的要求；给水压力不能满足时，应设置消火栓泵，消火栓泵不应少于两台，且应互为备用；消火栓泵宜设置自动启动装置，保证消防应急需求。

9.17.3 临时消防设施

1 建立和执行现场消防和危险物品管理制度，并严格按照消防管理规定实施，做好相关记录。

2 易燃易爆危险品存放及使用场所、动火作业场所、可燃材料存放、加工及使用场所、厨房操作间、锅炉房、发电机房、变配电房、设备用房、办公用房、宿舍等临时用房应配备与场所可能发生火灾类型相匹配的消防器材，并有专人负责定期检查，确保完好有效。

3 消防器材配备如示意图：器材架材质为钢质，尺寸宜为：长650mm×宽180mm×高610mm 或长 900mm× 宽 400mm× 高 1900mm。颜色为红底白字，字体为黑体。或用胶合板制作，喷白色黑体字，尺寸宜为：长 2500mm× 宽 400mm× 高 1830mm（图 9-96 ~图 9-98）。

图 9-96 现场消防设施

4 根据现场实际情况可设置成品式消防柜、微型消防站。

（a）

图 9-97 现场消防台（一）

（b）

图9-97　现场消防台（二）

图9-98　现场微型消防站

9.18 洇砖设施

9.18.1 施工现场洇砖应采用节水型淋水设施，洇砖场地四周应设置排水沟，洇砖余水经沉淀处理后可循环使用，既能提高使用效率，又可避免水污染（图9-99、图9-100）。

图 9-99 现场洇页岩砖

图 9-100 现场蒸压加气块表面喷洒

9.19 垂直步道

9.19.1 施工现场可使用工具式垂直步道,便于人员通行及步道安拆周转使用(图 9–101)。

9.19.2 垂直步道梯段宽度应符合疏散楼梯宽度要求。

9.19.3 应定期对垂直步道检查维修。

(a)

(b)

(c)

(d)

图 9-101 垂直步道

10 安全教育体验设施

10.1 安全教育体验设施要求

10.1.1 施工企业应在项目开工前，将安全教育体验设施的布置编入施工总平面策划，安全教育体验设施与临时建筑同时建设（图 10-1）。

10.1.2 施工企业应全面策划安全教育体验设施，并对所有进场施工人员进行安全体验教育，通过亲身体验各种安全防护用品的使用及出现危险时瞬间的感受，帮助现场人员更直观地感受安全防护用品的重要性和违章作业的危害性，提高进场施工人员的安全意识和自我防范意识。

10.1.3 安全教育体验设施可根据项目具体情况设置为安全教育主题公园（图 10-2）、安全教育体验培训中心（图 10-3）、安全教育培训体验馆（图 10-4）、安全教育体验基地（区）（图 10-5）等，在其出入口位置设立安全教育体验设施平面图或分布图牌（图 10-8 ~ 图 10-10）以及安全体验教育设施简介。

10.1.4 安全教育体验设施应集成加工，可按教育体验内容以标准箱式活动房展示，可根据事故类别分区综合设置，也可根据场地情况因地制宜设置集成房屋安全体验系统（图 10-6、图 10-7）。

10.1.5 安全教育体验设施应包括安全讲评台、安全培训教室、VR 安全体验馆、洞口坠落体验、脚手架体验、安全帽撞击体验、安全带使用体验、应急物资库等。

10.1.6 安全教育体验设施应设置在靠近人员出入的安全区域，具体尺寸、位置、规模根据现场实际情况确定，外围采用工具式可视化围挡封闭。

10.1.7 安全教育体验设施应有平面布置图和各安全教育体验设施项目简介，体验设施内场地宜硬化，并适当增加绿化。

10.1.8 安全教育体验设施使用前，应认真全面检查设备的性能，确保各部件正常工作，并试运行，确保设施运行正常，相应配套安全防护设施齐全有效。安全教育体验设施应在培训师等专业人员指导下使用。体验前，培训师等专业人员应向体验人员进行体验设施使用交底，详细介绍体验设施的使用方法及注意事项。体验结束后，应及时断开电源。

10.1.9 进入安全教育体验设施，体验人员应配备使用必要的个人安全防护用品。如体验人员在体验时，有任何身体不适症状，请立即告知培训师。有心脏病、高血压等病史人员，严禁参加有剧烈运动的体验项目。

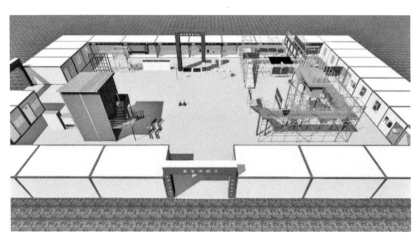

图 10-1 安全教育体验设施效果图

图 10-2　安全教育体验主题公园

图 10-3　安全教育体验培训中心

　　（a）　　　　　　　　　　　　　　　（b）

（c）

图 10-4　安全培训体验馆

图 10-5 安全教育培训基地

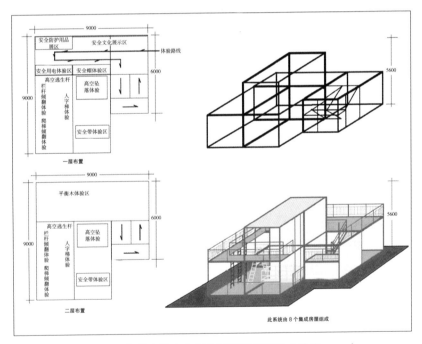

图 10-6 集成房屋安全体验区平面布置图（单位：mm）

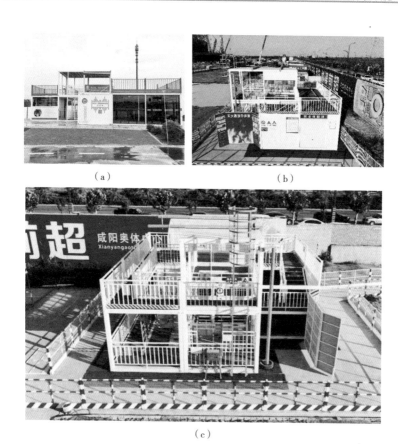

（a） （b）

（c）

图 10-7 集成房屋安全体验区

图 10-8 安全体验培训馆分布图

图 10-9　安全教育体验设施分布图牌

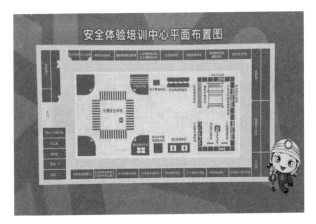

图 10-10　安全体验培训中心平面布置图

10.2　安全教育设施

10.2.1　安全讲评台

1　安全讲评台宜制作成可移动式（图 10-11、图 10-12）、工具式（图 10-13）、可折叠式（图 10-14），便于讲评台灵活布置和周转使用，也可根据需要制作成带影音播放式安全讲评台（图 10-15），一般尺寸为 6000mm×1200mm×3000mm，可根据现场实际调整。

2 安全讲评台用于班前的安全教育宣传、专项安全讲座、班前讲评等。

图 10-11 带讲台可移动式讲评台

图 10-12 无讲台可移动式安全讲评台

图 10-13　工具式安全讲评台

图 10-14　可折叠式安全讲评台

图 10-15　带影音播放器安全讲评台

10.2.2 安全培训教室

1 安全培训教室大小应根据现场高峰期施工作业人数确定，宜采用集装箱式培训教室（图10-16）、拆装式活动房培训教室（图10-17）或半敞开式培训教室（图10-18）。

2 对于特大型项目，可采用轻钢结构培训教室（图10-19）和移动式安全教育车（图10-20）。

图 10-16 集装箱式培训教室

图 10-17 拆装式活动板房培训教室

图 10-18　半敞开式培训教室

（a）

（b）

图 10-19　钢结构培训教室

图 10-20　移动安全教育车

10.3　安全标识牌展示区

10.3.1　安全标识牌展示区应集中展示建设工程中常见的禁止、警告、指令、提示标识牌（图 10-21）。

图 10-21　建筑安全标识集中展示

10.4 个人安全防护用品体验

10.4.1 个人安全防护用品着装展示

1 安全防护用品应置于标准厢房内展示，包含各类防护用品及着装展示（图 10-23 ~ 图 10-26）。

2 通过模特展示特殊工种着装、施工现场安全标准着装，并与错误着装对比，指导体验人员正确使用防护用品。

图 10-22 施工作业人员安全着装示意图

图 10-23 安全防护用品展示

图 10-24 消防标准着装展示

图 10-25　箱式安全防护用品展示

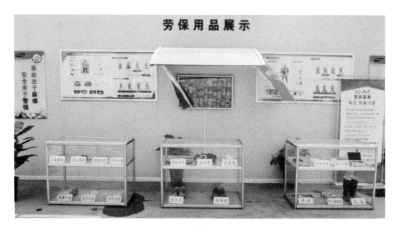

图 10-26　劳保用品展示

10.4.2　安全帽撞击体验

1　安全帽撞击体验可设置在标准箱房内（图 10-27），也可独立设置（图 10-28 ~ 图 10-30），配置遥控装置。

2　在正确佩戴合格安全帽的情况下，体验物体打击所产生的冲击，感受安全帽对头部防护的重要性，从而增强体验人员自觉并正确佩戴合格安全帽意识。

3 体验前，必须检查体验设备及安全帽是否有故障和缺陷。

图 10-27 箱式安全帽撞击体验

图 10-28 三人一键控制
安全帽撞击体验

图 10-29 四人一键控制安全帽撞击体验

图 10-30 独立控制吊锤式
安全帽撞击体验

10.4.3 安全带佩戴体验

1 安全带体验设置为三人同时体验，可采用型钢制作，配备遥控装置。尺寸一般为 5700mm×6000mm，可根据现场实际尺寸调节

（图 10-31、图 10-32 ）。

　2　体验时，应正确佩戴安全带后直立在指定位置，通过遥控或手动装置控制平台上升或下降，体验人员拉升一定高度后迅速下降，使体验人员感受安全带的重要性。

　3　使用前，对设备进行全面检查。检查提升器是否有异常、绳索是否有破损、安全带是否能够正常使用、开关是否灵敏。指导体验人员正确佩戴安全带，不应太松或者太紧，太松支撑不到位，起不到作用；太紧容易

图 10-31　整体升降安全带体验设施

对体验人员胸腔造成压迫。体验人员落下后，应及时调整呼吸，如有任何不适请立即告知培训师。

（a）

（b）

图 10-32　独立升降安全带体验设施（一）

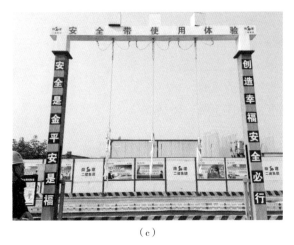

（c）

图 10-32　独立升降安全带体验设施（二）

10.4.4　安全鞋冲击体验

1　安全鞋冲击体验可设置在标准箱式活动房内，也可独立设置（图 10-33、图 10-34），为 3 ~ 4 人同时体验，配置遥控装置。

2　体验时，应正确穿好安全鞋直立在指定位置，在注意力分散的时候，由培训师开启遥控或手动按钮，铁棒自由落下撞击安全鞋前端，让体验人员感受在高空落物时安全鞋起到的安全保护效果。

（a）　　　　　　　　　　　　　　（b）

图 10-33　安全鞋冲击体验设施

3 体验人员必须穿着合格的安全鞋，将足部踩到合适的位置体验。

4 体验人员应正确使用体验设备，严禁穿着非安全防护用鞋进行冲击体验，避免造成人身伤害。

10.4.5 噪声体验

1 噪声可利用蛋椅+VR体验，模拟施工现场各类噪声（图10-35）。

2 应有专业人员现场指导和起闭、调控噪声体验设备。

3 体验人员感受各种分贝的噪声，了解在噪声环境可能受到的伤害。

图 10-34 安全鞋破坏性试验展示

4 切勿将噪声音量调节至对人耳有害的大小。

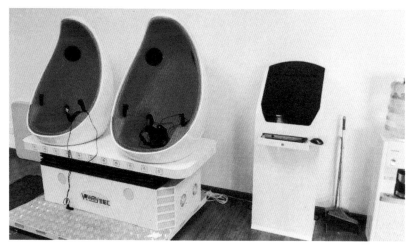

图 10-35 噪声体验设施

10.5 高处作业体验

10.5.1 洞口坠落体验

1 洞口坠落体验由楼梯和房屋组成（图 10-36 ~ 图 10-39），配备遥控装置。尺寸一般为 4000mm×4000mm×6000mm，具体尺寸可根据现场实际调节。

2 通过模拟洞口坠落场景，体验人员可感受到洞口处突然坠落时产生的恐惧感，学习突发坠落时的自我保护知识，提高预防高空坠落的自觉性。

3 使用前，对设备进行全面检查。应检查洞口盖板是否牢固、开关是否灵敏、海绵数量及厚度是否能起到保护作用等。

图 10-36 洞口坠落体验设施（垂直爬梯）

4 患有心脏病、高血压、恐高症及骨质疏松等人员，一律不得体验此项目。

图 10-37 洞口部坠落体验设施（钢楼梯） 图 10-38 开口部坠落体验设施

（a） （b）

图 10-39 露天高处坠落体验设施

10.5.2 移动式操作平台倾倒体验

1 操作平台倾倒体验设施可采用圆管焊接，含遥控装置（图10-40、图10-41）。一般尺寸为2000mm×2000mm×3000mm，可根据现场实际尺寸调节。

2 通过正确和错误地移动操作平台模型，体验人员可直观学习移动操作平台使用要点。

3 体验前，对设备进行全面检查。检查脚轮及刹车是否正常；检查所有门架、交叉杆、脚踏板有无锈蚀、开焊、变形或损伤；检查安全围栏安装，所有连接件连接是否牢固，有无变形或损伤。

4 体验人员正确上爬，面朝梯子，身体减少晃动，保持上身与梯子平行，并注意鞋与梯子是否打滑。如太阳暴晒过后，梯子温度较高，体验人员应佩戴手套攀爬。

5 体验人员在操作平台上切勿随意走动，正确佩戴安全带、挂好安全绳。

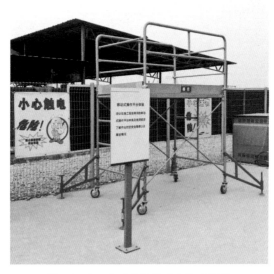

图10-40 移动式操作平台体验设施

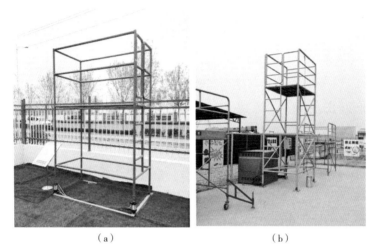

（a）　　　　　　　　　　　　（b）

图 10-41　液压式操作平台倾倒体验设施

10.5.3　人字梯倾倒体验

1　设置同比例人字梯模型，当操作不规范时会触发系统出现倾倒（图 10-42），尺寸一般为 3000mm×600mm，可根据现场实际尺寸调节。

图 10-42　人字梯倾倒体验设施

2 体验前对设备进行全面检查。检查架体是否连接牢固，安全铰链是否结实。

10.5.4 垂直爬梯倾倒体验

1 安全爬梯体验可采用圆管焊接，具体尺寸可根据现场实际情况制定（图10-43～图10-45）。

2 通过模拟垂直爬梯倾覆场景，使体验人员认识垂直爬梯倾倒的危害，掌握爬梯的使用方法和注意事项。

3 体验前对设备进行全面检查。检查架体各连接件是否连接牢固，开关是否灵敏。体验人员必须正确佩戴和使用安全帽、安全带，安全绳必须固定可靠，防止人员跌落。如太阳暴晒过后，梯子表面温度较高，体验人员应佩戴手套攀爬体验。

图 10-43 垂直爬梯体验设施

图 10-44　垂直爬梯对比体验设施

图 10-45　垂直爬梯体验设施

10.5.5 吊篮体验

1 体验前，培训师应向体验人员详细介绍吊篮的使用方法及注意事项（图10-46）。

2 体验人员在进入吊篮前，先检查各类安全装置和吊笼是否可靠，进入吊篮内，系好安全带，培训体验人员正确识别吊篮安全装置。

3 通过模拟吊篮倾覆场景，使体验人员认识吊篮倾倒的危害，掌握吊篮的使用方法和注意事项。

图10-46 吊篮体验设施

10.5.6　防护栏杆倾倒体验

1　体验人员在脚手架护栏停靠时，局部栏杆会突然倾倒，感受不良护栏的危险性，及栏杆防护不到位对施工人员造成的危害，以此了解护栏的作用并提高防范意识（图10-47）。

2　体验前对设备进行全面检查。检查包裹棉是否包裹牢靠，连接件连接是否牢固，安全立网是否封闭，按钮开关是否灵敏。

图 10-47　防护栏杆倾倒体验设施

10.6　机械作业体验

10.6.1　吊装作业体验

1　吊装重物体验配备遥控装置（图10-48、图10-49），尺寸一般为4000mm×3000mm，可根据现场实际尺寸加以调整。

2　吊装设备四周应有警戒线或围栏，防止在模拟吊装过程中误伤他人。

3　模拟施工现场吊装作业，设置错误吊装方式的实物模型及吊具模型，使体验人员了解违反"十不吊"的危害。

图 10-48　重物吊装体验效果图

图 10-49　重物吊装体验设施

10.6.2 钢丝绳使用简介

钢丝绳使用体验，主要通过钢丝绳实物展板进行展示体验。展板中有多种类型的钢丝绳卡扣、钢丝绳绳夹的正确使用方法，以及施工现场中存在常见的钢丝绳绳夹错误安装方法。通过对比展示和培训师讲解来指导工人学习钢丝绳的使用方法（图 10-50、图 10-51）。

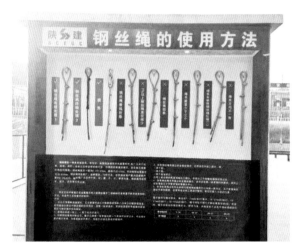

图 10-50　展柜式钢丝绳使用展示

图 10-51　展板式钢丝绳使用展示

10.6.3　机械伤害体验

1　机械伤害体验区可集装箱式展示（图 10-52），也可敞棚式展示体验（图 10-53）。

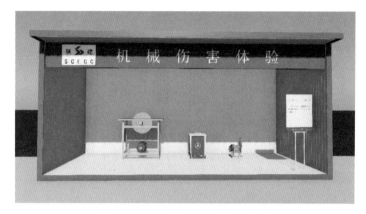

图 10-52　集装箱式机械伤害体验

图 10-53　敞棚式机械伤害综合体验区

2　项目展示了各类切割机、电动工具、电焊机（图 10-54 ~ 图 10-56），体验人员可通过实物操作分辨正确、错误的操作方法和标准的防护措施，以减少机械伤害事故。

3　体验前，必须认真检查设备的性能，确保各部件正常工作，体验结束后应及时断开电源。

图 10-54　小型电动工具实操
体验效果图

图 10-55　小型电动工具
实操体验设施

图 10-56　电焊机作业体验设施

10.7 综合用电体验

10.7.1 综合用电体验可分为标准箱房展示（图 10-57）、展柜式展示（图 10-58）、半敞开式展示（图 10-59），也可设置敞棚式安全用电综合体验区（图 10-60），含各种用电设备及模拟触电仪器。

10.7.2 体验时双手放在触电仪指定位置，亲身感受微电流，认识不同大小的电流对人体造成的伤害，学习安全用电知识，提高安全用电意识。

图 10-57 箱式综合用电体验

图 10-58 展柜式综合用电体验

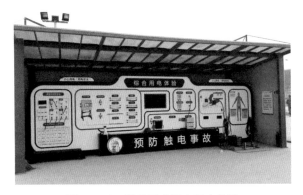

图 10-59 半敞开式综合用电体验

图 10-60 敞棚式综合用电体验区

10.7.3 通过多媒体技术模拟跨步电压的环境，体验人员可亲身体验跨步电压带来的触电伤害，并学习在跨步电压环境下如何自救（图 10–61）。

10.7.4 体验前，必须认真检查设备的性能，确保各部件正常工作。体验结束后，应及时断开电源。

10.7.5 有心脏病、高血压等病史的人员严禁参与体验。

图 10-61　跨步电压体验设施

10.8　消防设施体验

10.8.1　消防综合体验

消防综合体验有消防器材展示（图 10-62）、灭火器使用演示（图 10-63）、多场景灭火体验（图 10-64）、火灾逃生体验（图 10-65）等。体验人员可通过体验，学习灭火器的使用方法和适用范围，以及发生火灾后正确的逃生要领和注意事项。

图 10-62　消防用品展示

图 10-63 灭火器使用演示

图 10-64 多场景灭火体验

图 10-65 火灾逃生体验

10.8.2 应急物资库展示

应急物资库宜置于标准箱房内展示，包含各类应急物资和消防应急物品等，并附各类物资使用说明（图 10-66、图 10-67）。

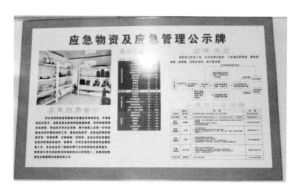

图 10-66　应急物资及应急管理公示牌

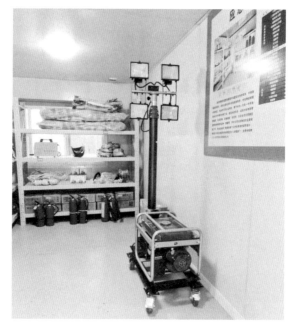

图 10-67　应急物资展示柜

10.9　墙体倾倒体验

10.9.1　操作平台倾倒体验设施可采用圆管焊接，配置遥控装置。一般尺寸为 2000mm × 2000mm × 3000mm，可根据现场实际尺寸调节（图 10-68）。

10.9.2　体验时通过体验人员模拟使用操作平台，开启遥控开关，使平台适度倾翻，使体验人员感受倾翻时的危害。

10.9.3　通过模拟墙体、边坡、钢制大模板等倾倒坍塌场景，指导体验人员了解遭遇坍塌时的自救与互救方法。

10.9.4　体验前，应对体验设备进行全面检查，培训师做好正确逃生示范。

图 10-68　墙体倾倒体验

10.10　VR 虚拟现实技术体验

10.10.1　通过模拟仿真环境，将体验人员置身于高处坠落、物体打击、触电等施工伤亡事故场景中,使其直观地感受到违章作业带来的危害,让体验人员从内心认识到预防事故的重要性(图 10–69 ~ 图 10–74)。

　　10.10.2　体验人员应身心健康,并不得隐瞒身体状况。

图 10-69　安全教育 VR 体验馆

图 10-70　VR+BIM 体验

10.10.3　参加安全体验的人员必须严格按照专业人员的指导进行操作，注意动作幅度。

10.10.4　VR安全体验设备必须由专业管理人员进行操作和管理，其他人员不得随意使用及操作。

10.10.5　进入体验场所的人员禁止吸烟，不得随意乱丢垃圾。移动电话等通信设备必须调成振动或者静音模式，不得大声喧哗或者接打手机。

图10-71　触电VR体验

图10-72　机械映射VR安全体验

图 10-73　VR 安全体验（2 人体感 +6 人共享）

图 10-74　蛋椅型 VR 安全体验

10.11　日常作业体验

10.11.1　重物搬运体验

1　体验人员可在培训师指导下学习正确的搬运重物姿势和步骤，并进行体验学习，从而预防搬运重物造成的伤害（图 10-75）。

2　培训师正确示范搬运动作要领，让体验人员看清看懂。

3　体验前，体验人员应适当热身，按正确搬运姿势慢提慢放集中精力，以防误伤砸脚。

图 10-75　重物搬运体验设施

10.11.2　安全急救体验

1　安全急救体验可设置在标准箱房内（图 10-76、图 10-77），也可设置敞棚式安全急救综合体验区（图 10-78），急救体验设施包含担架、心脏复苏模拟人、急救药箱等。

2　体验人员在体验时，演示器会给出各种提示，以便于体验人员规范、熟练掌握人工呼吸和心肺复苏术的操作要领。

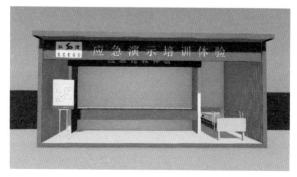

图 10-76　箱式安全急救体验区

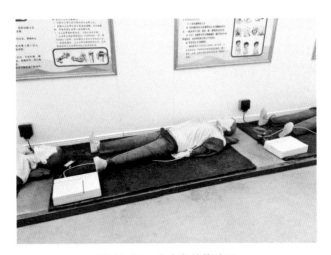

图 10-77　安全急救体验区

图 10-78　安全急救综合体验区

10.11.3　平衡木、梅花桩体验

1　平衡木体验可设置为多人用，采用方管焊接，分为直线、折线（图 10-79）和梅花桩（图 10-80）三部分。

2 平衡木、梅花桩用于检测体验人员的平衡能力，可模拟对平衡能力有要求的施工环境，还能够对进场作业人员是否酒后作业做出初步判断。

3 体验人员在体验过程中，应匀速缓慢通过平衡木、梅花桩，以免速度过快落地不稳，导致扭到脚踝或擦伤腿部。

图 10-79 平衡木体验设施

图 10-80 梅花桩体验设施

10.12 脚手架体验

10.12.1 脚手架对比体验可采用钢管搭设架子（图10-81）。一般尺寸为7000mm×4500mm×3000mm，可根据现场实际尺寸调节。

图 10-81 脚手架体验设施（钢管搭设架子）

10.12.2 体验人员应佩戴和正确使用安全带、安全帽，缓慢向上攀爬，双手扶住脚手架两边栏杆，双脚感受不规则的脚手架铺设木板所带来的身体行进不稳。同时，体验脚手架和操作平台倾斜对人身可能造成的伤害（图10-82）。

10.12.3 体验人员双脚必须在脚手架木板踩实后，再向上行进，避免脚下打滑摔落下去。

图 10-82　脚手架体验设施

10.13　有限密闭空间体验

10.13.1　有限密闭空间是指封闭或半封闭的作业区域,其进出口较为狭窄有限,未被设计为固定工作场所,自然通风不良,易造成有毒有害、易燃易爆物质集聚或氧气不足(图 10-83)。

图 10-83　有限密闭空间安全体验

10.13.2 通过体验有限密闭空间内作业，体验人员可以了解有限密闭空间作业着装要求和安全防护措施的正确使用方法（图10-84）。

图 10-84　有限密闭空间作业标准着装展示

11 绿化设施

11.1 喷雾设施

11.1.1 施工现场应配备喷雾装置、洒水车、移动喷雾机等降尘设备，在道路、围挡、脚手架等部位安装喷雾降尘装置（图 11-1 ~ 图 11-6）。

11.1.2 施工现场宜设置扬尘自动监控系统，并与喷雾系统形成联动，当扬尘颗粒物指数超标后自动开启喷雾装置。喷雾系统是将

图 11-1 基坑喷雾降尘

水通过雾化喷嘴形成水雾，吸附空气中的扬尘颗粒物，从而在该系统有效工作范围内达到较好的降尘效果。喷雾系统宜采用非传统水源。施工区域应结合现场实际设置道路自动控制喷雾设施，施工区域采用多点位控制施工现场扬尘。

图 11-2　外脚手架喷雾降尘

图 11-3　施工道路喷雾降尘

图 11-4 施工现场喷雾降尘

图 11-5 施工围挡喷雾降尘

（a）

（b）

图 11-6 施工道路喷雾降尘

11.2 绿化布置

11.2.1 施工现场场地绿化布置应实用、有效，禁止布置水景、假山和种植绿化乔木。施工现场裸露场地和堆放土方应采取种植绿化或防尘网等覆盖、固化或绿化等措施，防治扬尘污染（图 11-7）。

图 11-7　场地植草绿化

11.2.2　垂直绿化可充分利用围挡、垂壁等场地条件，增加施工现场绿化量。垂直绿化可以降低墙面对噪声的反射，并在一定程度上吸附烟尘，美化环境（图 11-8）。

（a）　　　　　　　　　　　　　（b）

图 11-8　垂直绿化

11.2.3　施工现场应多绿化、少硬化，裸露土超过 3 个月的场地，宜种植生长周期短、成活率高、抑尘效果好的植物，进行绿化（图 11-9）。

图 11-9　种草绿化

11.2.4　创建海绵工地，应永临结合，减少场地硬化，可优先利用植草沟、渗水砖、透水混凝土、雨水花园、下沉式绿地等绿色措施组织排水，避免内涝，并有效收集利用雨水（图 11-10 ~ 图 11-13）。

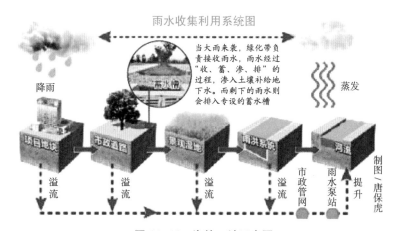

图 11-10　海绵工地示意图

图 11-11　生态滞留草沟

（a）　　　　　　　　　　　　（b）

图 11-12　雨水花园

（a）　　　　　　　　　　　　（b）

图 11-13　下沉式绿地

11.3　裸露土覆盖

11.3.1　施工现场裸露土覆盖

现场所有裸土区域、易产生粉尘的材料堆放区域，应采用防尘密目网进行 100% 覆盖。非施工作业面的裸露地面、长期存放或超过一天以上的临时存放的土堆，应采用防尘密目网进行覆盖，或采取绿化、固化措施（图 11-14）。

图 11-14　裸露土覆盖

11.3.2　防尘密目网应使用绿色、不易损坏和风化的高密度密目网，网目数密度不宜低于 2000 目 /100cm^2（图 11-15）。

平地铺设密目网应拉紧绷平，如存在密目网拼接，应保证两张密目网之间搭接不小于 100mm。

密目网应采用压固配重或地锚固定，防止被大风吹开或卷走。密目网中央部位纵横至少每 3m 设置 1 个压固点或地锚钉，每张密目网拐角部位均应有压固点或地锚钉，应保证每边不得少于 3 个压固点或地锚钉，且每两个固定点间距不大于 5m。

需要反复打开的施工区域，压固材料可根据现场情况选用木方、混凝土预制块等重物；覆盖后长期不施工的区域，可用 6mm 圆钢 U 形钉固定，严禁采用土块杂物压固。

图 11-15　高密度密目网覆盖

12 职工服务设施

12.1 职工服务设施要求

12.1.1 发挥工会组织"职工之家"的作用,在施工现场设立劳动者服务站,内设职工休息室、吸烟室和现场卫生间,可配备有空调、饮水机、自动售货机、报刊书籍、电子图书馆、智能自助快递取件柜和手机充电等设施,为现场施工人员提供温馨舒适的工作环境。在生活区宜设置工会服务站,内设创新工作室、党建活动室、权益维护中心、心理咨询辅导室、阅览室、医务室及文体活动室,从技术攻关创新到权益维护咨询、心理疏导减压和技能培训学习等方面,更好地服务项目一线施工人员(图12-1、图12-2)。

(a)　　　　　　　　　　　(b)

图 12-1 劳动者服务站

图 12-2　劳动者服务站内景

12.2　创新工作室

12.2.1　以项目为载体，设置创新工作组，在统筹整体计划、协调各要素实施、工程质量把控、技术难题攻关、安全提升等方面发挥关键作用（图 12-3 ～图 12-5）。

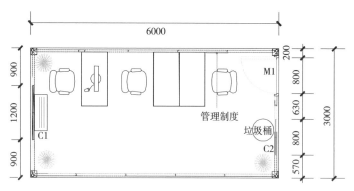

图 12-3　创新工作室平面布置图（单位：mm）

图 12-4 创新工作室效果图

图 12-5 创新工作室

12.3 党建活动室

12.3.1 党建活动室是党员政治学习的中心,思想教育的阵地,传授知识的课堂,宣传企业文化的窗口,锤炼党员的党性修养,坚定理想信念,党员之间相互学习,相互监督,深入开展"三会一课",

树立党员先锋模范作用（图 12-6、图 12-7）。

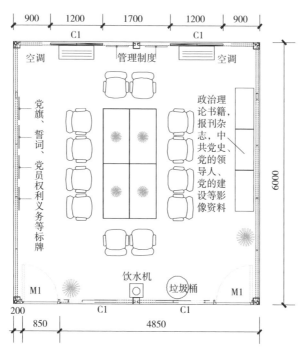

图 12-6　党建活动室平面布置图（单位：mm）

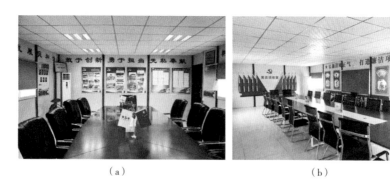

（a）　　　　　　　　　　（b）

图 12-7　党建活动室

12.4 权益维护中心

12.4.1 通过座谈会、站长接待日等形式，倾听职工声音，反映职工诉求，维护职工合法权益。开展农民工法律咨询、维权服务活动，监督农民工工资发放，消除农民工后顾之忧（图 12-8 ~ 图 12-10）。

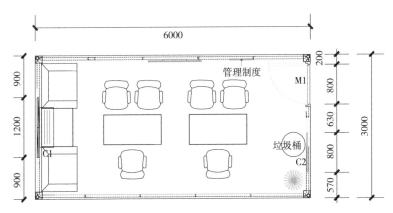

图 12-8 权益维护中心平面布置图（单位：mm）

图 12-9 权益维护中心效果图

图 12-10　权益维护中心

12.5　心理咨询辅导室

12.5.1　缓解职工压力，疏导职工情绪。通过个别谈心、青年员工座谈、专家讲座、心理辅导等方式，倾听职工心声，了解思想状况，及时有效地引导职工进行情绪管理，缓解心理压力，培养健康向上的心态，传递正能量（图 12-11 ~ 图 12-13）。

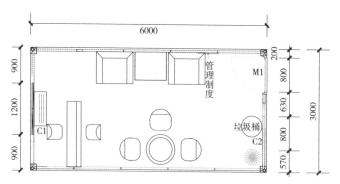

图 12-11　心理咨询辅导室平面布置图（单位：mm）

图 12-12　心理咨询辅导室效果图

图 12-13　心理咨询辅导室

12.6　阅览室

12.6.1　涵盖政治、经济、科普、文艺方面的书籍和报纸，定期更换，可随时阅读、借阅（图 12-14～图 12-16）。

191

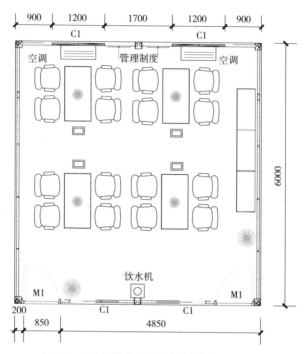

图 12-14 阅览室平面布置图（单位：mm）

图 12-15 阅览室效果图

图 12-16 阅览室

12.7 文体活动室

12.7.1 开展文化体育活动，丰富职工业余文化生活，组织体育健身、棋艺比赛等形式多样的文娱体育活动（图 12-17 ~ 图 12-19）。

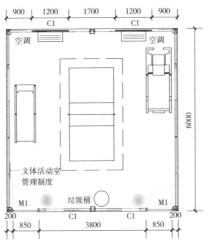

图 12-17 集装箱式文体活动室平面布置图（单位：mm）

193

图 12-18　文体活动室效果图

图 12-19　文体活动室

引用法规、标准及文件名录

1 《中华人民共和国安全生产法》（2014 年修正）

2 《中华人民共和国建筑法》（2019 年修正）

3 《工作场所职业病危害警示标识》GBZ 158

4 《安全帽》GB 2811

5 《安全色》GB 2893

6 《安全标志及其使用导则》GB 2894

7 《安全网》GB 5725

8 《安全带》GB 6095

9 《建筑施工场界环境噪声排放标准》GB 12523

10 《钢管脚手架扣件》GB 15831

11 《拆装式轻钢结构活动房》GB/T 29740

12 《应急临时安置房防雷技术规范》GB/T 34291

13 《箱型轻钢结构房屋第 1 部分：可拆装式》GB/T 37260.1

14 《建设工程施工现场供用电安全规范》GB 50194

15 《施工企业安全生产管理规范》GB 50656

16 《建设工程施工现场消防安全技术规范》GB 50720

17 《建筑施工安全技术统一规范》GB 50870

18 《建筑工程绿色施工评价标准》GB/T 50640

19 《建筑工程绿色施工规范》GB/T 50905

20 《施工现场临时用电安全技术规范》JGJ 46

21 《建筑施工安全检查标准》JGJ 59

22 《施工企业安全生产评价标准》JGJ/T 77

23 《建筑施工高处作业安全技术规范》JGJ 80

24 《龙门架及井架物料提升机安全技术规范》JGJ 88

25 《建设工程施工现场环境与卫生标准》JGJ 146

26 《施工现场临时建筑物技术规范》JGJ/T 188

27 《建筑工程施工现场标志设置技术规程》JGJ 348

28 《施工现场模块化设施技术标准》JGJ/T 435

29 《施工现场安全防护用具及机械设备使用监督管理规定》（建质〔1998〕164号）

30 《建筑施工特种作业人员管理规定》（建质〔2008〕75号）

31 《工程质量安全手册（试行）》（建质〔2018〕95号）

32 《房屋市政工程安全生产标准化指导图册》（建办质函〔2019〕90号）

33 陕西省建筑业协会《绿色施工示范工程实施指南》

34 陕西建工集团有限公司《建筑工程绿色施工实施指南》

35 陕西建工集团有限公司《文明施工标准化手册》

36 陕西建工集团有限公司《文明施工实施指南》

37 陕西建工集团有限公司《建设工程治污减霾管理指南》